GNU Radio 软件无线电技术

白 勇 胡祝华 编著

科学出版社

北 京

内 容 简 介

　　本书首先介绍软件无线电技术的发展背景和历程，然后对一些常见的软件无线电平台进行详细的介绍（第 1 章）；其次介绍软件无线电技术中的主要理论，包括信号采样理论、多速率信号处理技术、数字滤波器技术以及软件无线电的基本结构等（第 2 章）；接着，针对 GNU Radio 软件无线电中的软硬件平台进行详细的介绍（第 3 章），并给出 GNU Radio 软件无线电系统环境在 Ubuntu 上的安装与测试方法（第 4 章）；随后，介绍 GNU Radio 中的附带工具和功能软件，重点介绍 GRC 的使用方法，以及如何使用 GRC 和 Python 来开发通信系统（第 5、6 章）；在此基础上，本书还详细分析基于 C++ 语言来开发信号处理模块的问题（第 7 章），同时对 QPSK&GMSK 调制方式、OFDM 无线传输以及 MIMO 技术的 GNU Radio 仿真实现进行详细的介绍和分析（第 8 章）；最后，本书对常见的基于 GNU Radio 的软件无线电科研项目（OpenBTS、Hydra 和 GQRS）进行深入的分析和探讨（第 9 章）。

　　本书可以为那些想通过构建 GNU Radio 平台来开发和验证自己的创新想法或创新实践的科研和工程人员提供系统性的知识脉络和开发思路。

图书在版编目 (CIP) 数据

GNU Radio 软件无线电技术/白勇，胡祝华编著. —北京：科学出版社，2016.11

　ISBN 978-7-03-050757-0

　Ⅰ. ①G⋯　Ⅱ. ①白⋯　②胡⋯　Ⅲ. ①软件无线电　Ⅳ. ①TN92

中国版本图书馆 CIP 数据核字 (2016) 第 279409 号

责任编辑：任　静 / 责任校对：郭瑞芝
责任印制：赵　博 / 封面设计：迷底书装

科 学 出 版 社 出版
北京东黄城根北街 16 号
邮政编码：100717
http://www.sciencep.com
北京天宇星印刷厂印刷
科学出版社发行　各地新华书店经销

*

2017 年 1 月第 一 版　　开本：720×1 000　1/16
2024 年 7 月第八次印刷　　印张：13 1/4
字数：256 000
定价：**119.00元**
（如有印装质量问题，我社负责调换）

前　言

　　按照传统的无线电产品开发思路，当有新技术出现或版本需要升级时，要开发新的专用芯片来支持，这往往会带来巨大的投资风险，导致制造商和运营商对新技术持观望态度，从而限制了新技术的快速应用和推广。而软件无线电技术能够提供一种新的解决方案，该技术由 Joseph Mitola 于 1992 年首次提出，受到业界的广泛关注。与传统的无线电技术相比，该技术不必设计、开发新型专用芯片，即可验证新技术的性能，如信号发生、调制/解调、信道编译码等信号处理过程以及协议栈均可由软件实现，而不需要硬件电路的支持。由于软件无线电具有设备可重配置的特性，所以改变了传统的基于硬件和面向用途的产品设计与开发方法，把信号的数字化处理尽量靠近天线侧，能够在前端硬件配置不变的情况下通过编写软件实现新的功能。软件无线电的这一特点有利于新技术的发展，也有利于新技术的应用和推广。同时软件无线电技术为无线电技术领域的众多科研与工程人员提供了很好的开发和研究平台，可以非常容易地在搭建的软件无线电平台上验证各种创新设计和科学设想的可行性，从而可以让科研工作者将更多的精力集中在创新思路的构建上。

　　GNU Radio 软件无线电技术是采用 GNU Radio 开源软件平台、普通 PC 和廉价的硬件前端来开发各种软件无线电应用的一门技术。其中，GNU Radio 是一个开源的无线电平台的软件包。它是由 Eric Blossom 发起的一个完全开放的软件无线电项目，旨在鼓励全球技术人员积极参与到这一领域的协作与创新。GNU Radio 的开发主要是基于 Linux 操作系统，采用 C++编程语言结合 Python 脚本语言进行编程，也可以将它移植到其他的操作系统上。而硬件前端一般采用 USRP（Universal Software Radio Peripheral）套件来实现。该套件通常由天线、射频前端、模数/数模转换器以及通用数字信号处理器组成。

　　GNU Radio 软件无线电技术可以理解为开源软件的自由精神在无线领域的延伸，开放性和低成本是其最大的优势。低成本使得技术人员和资金不太充裕的研究机构可以像购买 PC 一样拥有一套能自由进入频谱空间的软硬件系统，从而为更广泛的技术创新打下基础。在 GNU Radio 的邮件讨论组中每天都有来自世界各地的用户对各种相关技术问题的讨论，这些用户包括学生、大学教师、软硬件工程师、无线工程师、业余无线电爱好者，而这些人正是推动技术进步的主力。GNU Radio 的开放特性也是其具有广泛吸引力的重要因素，同时也是其生命力的源泉。由于代码和技术资料完全开放，人们可以了解到其运作的所有细节，并可自由地对其进行修改和开发。在这种开放的氛围之下，人们取得的知识、成果可以得到充分的交流共享，更有益于创新。

　　当前，自组织网络、认知无线电技术、可重配置智能终端是无线通信领域几大热点，而基于 GNU Radio 和 USRP 可以快速地设计出终端原型，因而可以让科研和工程人员从繁杂的验证平台搭建中解脱出来，将大部分的精力集中在核心技术的创新上，在这些领域的研究中具有相当的潜力。尽管目前 GNU Radio 在最大频带宽度、PC 处理能力以及软件的易用性方面仍然受到一定限制，但相信随着技术的进步，GNU Radio 必将在无线领域的技术创新中扮演更加重要的角色。

　　本书的编写工作得到了国家自然科学基金项目（项目编号：61561017、61261024）、海南省自然科学基金项目（项目编号：614221、20156228）以及 2016 年博士研究生优秀学位论文培育计划项目的资助，特此感谢。另外，本书在编写过程中参考了大量的论文、著作和网上的博文，在此一并表示感谢。

　　本书由海南大学的白勇、胡祝华执笔完成。其中，本书的第 2、5、6 章由白勇负责编写，第 1、3、4、7、8、9 章由胡祝华负责编写。

　　与本书内容相关的 Ubuntu 系统、软件和开发模板等资源，作者将其放在百度云盘中可供读者下载。百度云盘资源的提取地址为 http://pan.baidu.com/s/1c2GCDxe，访问密码为 bc9c。

　　由于时间仓促，作者水平有限，加上这一技术领域还在迅速发展之中，书中不足之处在所难免，敬请读者批评指正。

　　　　　　　　　　　　　　　　　　　　　　　　　　　　作　者

　　　　　　　　　　　　　　　　　　　　　　　　　　　　2016 年 8 月

目　　录

第1章 绪 论

1.1 软件无线电发展概述

1.1.1 背景

    海湾战争时，以美国为首的多国部队联合作战，但由于每个国家使用的通信设备制式不尽相同，虽然有些电台基本结构相似，但它们的信号在工作频段、调制方式、通信协议等方面都有很大的差异。这些差异使得不同电台之间并不能互相兼容、互相联通，给协同作战带来困难，因而并没有做到实质上的"联合作战"[1]。为解决这一难题，在 1992 年 5 月，Mitola 在美国通信系统会议上首次提出"软件无线电"(Software Radio，SR)的概念[2]。1995 年，软件无线电被美国电气和电子工程师协会 (Institute of Electrical and Electronics Engineers，IEEE) 通信杂志 (*Communication Magazine*) 制成专集，并主要介绍了与软件无线电相关的概念和应用，如军用 SpeakEasy (易通话)[3]以及第三代移动通信 (3rd-Generation，3G) 开发基于软件的空中接口计划等内容。1996~1998 年间，经国际电信联盟 (International Telecommunication Union，ITU) 制订 3G 标准的研究组讨论，软件无线电也成为第三代移动通信系统实现的技术基础。1999 年 6 月，"模块化多功能信息变换系统"(Modular Multifunction Information Transfer System，MMITS) 论坛更名为"软件定义无线电"(Software Defined Radio，SDR) 论坛[4]，开始从理想的软件无线电转向研究与当前技术发展相适应的"软件定义无线电"。1999 年以后，以 SDR 技术为背景的 3G 成为软件无线电研究亟待解决的主要问题。

    与此同时，进行软件无线电技术研究的还有 SpectrumWare 项目[5]和 RDRN (Rapidly Deployable Radio Networks Project)[6]。前者由美国麻省理工学院进行研究，主要基于工作站或 PC 对信号用软件进行处理以实现无线通信。由于 PC 的运算处理能力有限，即使联合多台机器进行分布式处理，所能达到的带宽依然非常有限。然而，该研究使得无线通信系统和其他计算机应用平台变得非常相似，软件的开发和测试是非常方便的。RDRN 由 Kansas 学校负责研究，主要用于无线异步传输模式 (Wireless Asynchronous Transfer Mode,WATM) 的设计，根据变化的无线环境自适应改变链路层和网络层以实现高速无线通信系统的快速部署。该项目的主要目的是对 WATM 协议的验证。测试频段为 1.3GHz、5.3GHz、5.8GHz，调制方式为 MPSK (Multiple Phase Shift Keying)，速率为 1~8Mbit/s。

软件化的无线调制解调器，能兼容军队现有的各种调制解调器，实现军队通用的多频段、多功能的无线电平台。近年来，人们开始专注于软件无线电在民用移动通信领域的研究和应用[7-12]，欧洲的先进通信技术与业务（ACTS）计划，研究如何将软件无线电技术应用于下一代 UMTS（Universal Mobile Telecommunications System）系统，分别对软件无线电的硬件平台、接入、终端等关键技术进行研究，包括 FIRST（Flexible Integrated Radio Systems Technology），将软件无线电技术应用到设计多频/多模（可兼容 GSM、WCDMA、现有的大多数模拟体制）可编程手机，这种手机可自动检测接收信号以接入不同的网络；FRAMES（Future Radio Wideband Multiple Access Systems），该计划的目标是定义、研究与评估宽带有效的多址接入方案来满足 UMTS 要求，方法之一是采用软件无线电技术；SORT（Software Radio Technologies），该计划是演示灵活有效的软件可编程电台，它具有无线自适应接入功能，并符合 UMTS 的标准；TRUST（Transparent Reconfigurable Ubiquitous Terminals），该计划提供和验证支持可重构的网络概念终端和终端重新配置的概念。随着移动通信技术的发展，软件无线电技术将在 3G、4G 和未来 5G 无线通信系统中得到广泛的应用。

1.1.2　软件无线电概念及关键技术

在 1992 年发表的论文中，Mitola 把软件无线电定义为：软件无线电是一种多频段无线电，它具有天线、射频前端、模数和数模转换器，能够支持多种无线通信协议，在理想的软件无线电中，包括信号的产生、调制/解调、定时、控制、编/解码、数据格式、通信协议等各种功能都可以通过软件来实现[2]。换句话说，软件无线电是指在硬件平台不变的前提下通过软件编程对物理硬件进行配置以获得灵活性的无线电。由此引发的软件无线电革命，使调制解调器的功能和业务彻底摆脱了硬件的束缚。

由以上软件无线电发展背景可以看出，人们对软件无线电的研究日益深入细致，理论上已经基本成熟，正在进行各种应用的具体实现。软件无线电技术是软件化、计算密集型的操作形式，它与数字和模拟信号之间的转换、计算速度、运算量、数据处理方式等问题息息相关，这些技术决定着软件无线电技术的发展程度和进展速度。宽带/多频段天线、高速 ADC 与 DAC 器件、高速数字信号处理器是软件无线电的关键技术[13]。

1. 宽带/多频段天线

理想的软件无线电系统的天线部分应该能够覆盖全部无线通信频段，通常来说，由于内部阻抗不匹配，不同频段的天线是不能混用的。而软件无线电要在很宽的工作频率范围内实现无障碍通信，就必须有一种无论电台在哪一个波段都能与之匹配的天线。所以，实现软件无线电通信，必须有一个可通过各种频率信号而且线性性能好的宽带天线。

软件无线电台覆盖的频段为 2～2000MHz。就目前天线的发展水平而言，研制一种全频段天线是非常困难的。一般情况下，大多数无线系统只要覆盖几个不同频段的窗口即可，不必覆盖全部频段。因此，现实可行的方法是采用组合式多频段天线的方案，即把 2～2000MHz 频段分为 2～30MHz、30～500MHz、500～2000MHz 三段，每一段可以采用与该波段相符的宽带天线。这样的宽带天线在目前的技术条件下是可以实现的，而且基本不影响技术使用要求。

2. 高速 ADC 与 DAC

在软件无线电通信系统中，要达到尽可能多地以数字形式处理无线信号，必须把 ADC 尽可能地向天线端推移，这样就对 ADC 的性能提出了更高的要求。为保证抽样后的信号保持原信号的信息，ADC 转换速率要满足奈奎斯特（Nyquist）采样定律，即采样率至少为带宽的两倍。而在实际应用中，为保证系统更好的性能，通常需要大于带宽两倍的采样率[14]。ADC 将连续的模拟信号量化为离散的数字信号，采用 N 比特表示，但量化过程中会带来量化噪声，理论上量化信噪比可以近似表示为 $SNR_{dB} \approx 6.02 \times N + 1.76$ [15]，因此，增加 ADC 的量化精度可以提高量化信噪比。一般采样速率和量化精度由 ADC 的电路特性和结构决定，而在实际情况中这两者往往是矛盾的，即精度要求越高，则采样率就越低；而降低精度就可以实现高速、超高速采样。

3. 高速数字信号处理器

数字信号处理器是整个软件无线电系统中的核心，软件无线电的灵活性、开放性、兼容性等特点主要是通过以数字信号处理器为中心的通用硬件平台和软件来实现的。从前端接收的信号，或将从功率放大器发射出去的信号都要经过数字信号处理器的处理，包括调制、解调、编码、解码等工作。由于内部数据流量大，进行滤波、变频等处理运算次数多，必须采用高速、实时、并行的数字信号处理器模块或专用集成电路才能达到要求。要完成这么艰巨的任务，必须要求硬件处理速度不断增加，同时要求算法进行针对处理器的优化和改进。在单个芯片的处理速度有限的情况下，为了满足数字信号实时处理的需求，就需要利用多个芯片进行并行处理。

1.1.3 软件无线电研究现状

软件无线电需要将现代先进的通信技术、微电子技术和计算机技术结合在一起，是一个中长期的研究项目，需要很强的综合实力[16,17]。软件无线电的目的是希望建立开放式、标准化、模块化的通用硬件平台，将各种功能，如频率、调制方式、数据率、加密模式、通信协议等都用软件来完成，因此，软件无线电设备更易于重新配置，从而可灵活地进行多制式切换并适应技术的发展演进。广义上的软件无线电分为三类。

（1）基于可控制硬件的软件无线电平台。将多种不同制式的设备集成在一起，如现在市场上的 GSM-CDMA 双模手机。显然这种方式只能在预置的几种制式下切换，要增加对新的制式的支持则意味着集成更多的电路，重配置能力十分有限。通过设备驱动程序来管理、控制硬件设备的工作模式、状态。

（2）基于可编程硬件的软件无线电平台。基于现场可编程门阵列（Field-Programmable Gate Array，FPGA）和数字信号处理器（Digital Signal Processing，DSP），这类可编程硬件重配置的能力得到了很大提高。但是用于 FPGA 的 VHDL（Very-High-Speed Integrated Circuit Hardware Description Language）、Verilog 等编程语言都是针对特定厂商的产品，使得这种方式下的软件过分依赖于具体的硬件，可移植性较差。此外，对广大技术人员来说，FPGA 和 DSP 开发的门槛依然较高，开发过程也相对比较烦琐。

（3）基于通用处理器的软件无线电平台。针对以上两类缺陷，第三类软件无线电平台采用通用处理器（如商用服务器、普通 PC 以及嵌入式系统）作为信号处理软件的平台，具有以下几方面的优势：纯软件的信号处理具有很大的灵活性；可采用通用的高级语言（如 C/C++）进行软件开发，扩展性和可移植性强，开发周期短；基于通用处理器的平台，成本较低，并可享受计算机技术进步带来的各种优势（如 CPU 处理能力的不断提高和软件技术的进步等）。

就目前而言，有关软件无线电的研究主要集中在两个方面：一是软件无线电通用硬件平台；二是软件无线电应用方面。基于软件无线电技术的通信系统的设计，世界各地的研究进展情况相对不均衡，美国和欧洲处于世界领先地位，其中技术领先的代表之一就是前面所述的 SpeakEasy 系统，该系统使不同军用电台实现了互通。据悉，在该系统的影响下，美国国防部下属多个公司已经开始了对覆盖多频段、包含多模式兼容电台的研制，例如，哈里斯公司研制的覆盖多频段车用电台；马格纳斯克公司研制的包含多模式的通信电台等，诸多的兼容电台使美军的前线战地控制、空中运行管理和补给支撑超越了通信标准和通信模式的限制。当前美国国防部已经开始了对新一代软件化卫星通信终端的研究，期望使多平台、多标准间无缝互通技术趋于成熟。

就国内而言，有许多研究机构已经开始研究软件无线电技术，一些单位已经取得了一定的成果。例如，"十五"计划中由国内多单位合作研发的软件无线电重点项目"软件无线电电台"。而我国政府对软件无线电项目相当关注，将软件无线电列在 863 计划内，通过国内通信研究人员的努力，也取得了非常不错的成绩。其中包括：信威公司在软件无线电的基础上开发的 SCDMA（Synchronous Code Division Multiple Access）基站及其对应的通信系统；大唐公司向国际电信联盟提交并采用的、利用软件无线电技术完成设计的第三代移动通信标准，其中将软件无线电作为 TD-SCDMA（Time Division-Synchronous Code Division Multiple Access）技术的核心技术之一[18]。

从移动网络运营商的角度来说，如今越来越多的人使用移动设备接入如视频流和游戏等高带宽业务，这给移动网络的容量带来巨大的挑战。微基站对未来无线宽带的部署起到了举足轻重的作用，它能帮助运营商在避免新建造价高昂、选址困难的基站的情况下，继续为用户提供高质量的服务。目前，一些运营商已经开始基于软件无线电的思想发展下一代基站[19]。

2010 年 4 月，中国移动正式发布了面向绿色演进的新型无线网络架构 C-RAN（Cloud-Radio Access Network）白皮书，阐述了对未来集中式基带处理网络架构技术发展的愿景。C-RAN 架构主要包括三个组成部分：远端无线射频单元（Remote Radio Unit, RRU）和天线组成的分布式无线网络；高带宽、低延迟的光传输网络连接远端无线射频单元；高性能通用处理器和实时虚拟技术组成的集中式基带处理池。分布式的远端无线射频单元提供了一个高容量、广覆盖的无线网络。由于这些单元灵巧轻便，便于安装维护，所以可以大范围、高密度地使用。

2011 年，阿尔卡特朗讯宣布推出 LightRadio 计划，它将通常位于每个蜂窝小区站塔底部的基站分解为多个部件，并把功能块分布在天线和云架构网络中。该系统还将各种蜂窝站塔天线整合凝缩为单一的、体积更小、功能更强大的多频、多标准（2G、3G、LTE（Long Term Evolution））的有源天线矩阵设备，可安装在电线杆上、建筑物旁或其他任何可供电和具备宽带连接的地方。LightRadio 方案是实现传统网络向更多样化网络演进的革命性方式，能够带来更高的网络容量和更低的成本，这将彻底颠覆现有移动和宽带基础架构，显著简化移动网络结构。2011 年 5 月，诺基亚西门子通信在杭州展示其动态无线电（LiquidRadio）架构，LiquidRadio 由三大组件构成，包括基带池、有源天线系统和统一异构网络，能让网络流量灵活覆盖，并且可以让容量增益大小进行快速的智能化选择。LiquidRadio 消除了传统移动宽带网络的严格结构限制，能有效应对用户在网络中移动而产生的流量"涨落""移动"问题，通过基本频带池技术来满足网络内流动的需求，可以集中资源为特定区域中所有基站提供通用的处理功能，保证网络兼容与互操作性，确保在 WiFi、2G、3G、LTE 等不同网络模式之间融通。

1.1.4 存在的问题探讨

目前，虽然软件无线电的核心思想已经开始深入人心，但是它更多的是以概念理论和设计蓝图的方式存在，具体的定义和体系架构在国内外的通信领域中还没有统一的意见，同时现有的软件无线电技术还存在诸多的限制和使用上的局限性[20]。

首先，当前技术条件下，软件无线电实现被硬件发展程度制约：①缺少带宽高、效率高的天线以及射频前端，理论上能包含全频段的天线目前仅支持20%左右的带宽；②缺乏输出性能高、覆盖广的 A/D 转换器，目前的技术水平很难生产满足功率和频率要求的转换器；③缺乏低功耗、性价比高的数字信号处理芯片，数字处理器的处理能力也一直是软件无线电最大的发展制约。虽然在研究中，发现对通信系统的结构和性能进行折中后，仍可以实现特定的软件无线电应用，但从长远来看，器件的性能将直接决定软件无线电发展的前景。

其次，因为世界各国在软件无线电的研究领域仍处于初级阶段，研究机构之间相互独立，缺少交流，不同的研究者从各自的出发点和侧重面中，研究得出的结果也不尽相同，缺少统一的标准规范，导致软件无线电体系结构和理论基础未能真正定型[13]。

因此，研究者只能从过去的模型和理论中汲取经验，使得目前的软件无线电研究很大程度上受传统通信系统的影响，未能从根本上突破传统通信系统的局限性，显示软件无线电技术的优势。

1.2　软件无线电平台介绍

1.2.1　GNU Radio

基于通用处理器的软件无线电平台采用商用服务器或普通 PC 作为信号处理软件的平台，具有更多的灵活性，可采用通用的高级语言（如 C/C++）进行软件开发。但是，由于 PC 的硬件和软件都不是专门为无线信号处理而设计的，现有基于通用处理器架构的软件无线电平台只可以实现有限的性能，不能实现高速无线通信协议，这将制约开发人员使用基于通用处理器的软件无线电平台实现更加先进的无线通信协议。目前，广泛使用的基于通用处理器的软件无线电平台由麻省理工学院（MIT）设计，由 USRP（Universal Software Radio Peripheral）硬件前端[21]和对应的软件开发套件 GNU Radio[22]组成，下面简单介绍其功能和性能。同时在本书的第 3 章会对 GNU Radio 平台进行详细的介绍。

GNU Radio 是由 MIT 提供的免费软件开发套件，提供了信号实时处理的软件和低成本的软件无线电硬件，用它可以在低成本的射频硬件和通用处理器上实现软件无线电。这套套件广泛用于业余爱好者、学术机构及商业机构研究和构建无线通信系统。GNU Radio 主要是用 Python 编程语言来编写的，但是其核心信号处理模块是 C++在带浮点运算的处理器上构建的。因此，开发者能够简单快速地构建一个无线通信原型系统。但是，受限于其信号处理的软件实现方式，它只能达到有限的信号处理速度，并不能满足高速无线通信协议中的大计算量需求。

USRP 是与 GUN Radio 配套的硬件前端，USRP 是 Matt Ettus 的杰作，它可以把 PC 连接到射频前端（RF Frontend）。本质上它充当了一个无线电通信系统的数字基带或中频部分。USRP 产品系列包括多种不同的模型，使用类似的架构。母板是由以下子系统组成的：时钟产生器和同步器、FPGA、ADC、DAC、主机接口和电源调节。这些是基带信号处理所必需的组件。一个模块化的前端，称为子板，用于对模拟信号的操作，如上/下变频、滤波等。这种模块化设计允许 USRP 为 0～6GHz 运行的应用程序提供服务。USRP 在 FPGA 上进行一些数字信号处理操作，将模拟信号转换为数字域的低速率、数字复信号。在大多数应用中，这些复采样信号被传输到主机内，由主机处理器执行相应的数字信号处理操作。FPGA 的代码是开源的，用户可以自行修改，在 FPGA 上执行高速、低延迟的操作。

USRP1 提供了入门级的射频处理能力，为用户和应用程序提供低成本的软件无线电开发能力。该架构包括 Altera 公司的 Cyclone FPGA，ADC 采样率为 64MS/s，精度为 12bit，DAC 转换率为 128MS/s，精度为 14bit，通过 USB 2.0 与主机相连。USRP1 平台可以支持两个完整的射频子板，工作在 0～6GHz。USRP2 是继 USRP 之后开发的，于 2008 年 9 月面世，之后被 USRPN 200 和 N210 取代。USRPN 210 提供更高带宽、高动态范围处理能力。USRPN 210 适用于对处理速度要求严格的通信应用。产品架构包括一个 Xilinx 的 Spartan3A-DSP3400 FPGA、100MS/s 的双通道 ADC、400MS/s 的双通道 DAC 和千兆以太网接口（用于将数字信号在主板和主机之间传递）。USRP 采用模块化设计，母板可以与不同的射频板连接，各射频板可工作在不同的频段，提供不同的带宽，例如，XCVR2450 射频板可以工作在 2.4～2.5GHz，带宽为 33MHz；WBX 射频板工作在 50MHz～2.2GHz，带宽为 40MHz。

1.2.2 SORA

1. SORA 介绍

SORA 是微软亚洲研究院研发的具有独创性的软件无线电平台，它由高性能的通用硬件 SDR 平台和商用 PC 组成，利用多核商用 CPU 实现软件高速信道编解码的软件算法。SORA 既拥有基于硬件软件无线电平台的高性能特性，又拥有基于通用处理器的软件无线电平台的易编程性与灵活性的特点。SORA 同时利用硬件与软件技术在 PC 平台上实现高速软件无线电系统。SORA 的硬件由射频前端板、射频转接板、射频控制板组成。射频前端利用 ADC 与 DAC 实现数字与模拟信号的转换，并负责信号的发送与接收，通常每个射频前端工作在某一个特定的频段。射频前端与射频控制板之间通过射频转接板连接，射频转接板与射频前端通过快速射频链路连接，负责将数字信号在射频前端与射频控制板之间传递，射频转接板提供了对射频前端操作的统一接口，不同类型的射频前端只要实现规定的标准接口就可以与 SORA 连接。射频控制板与主机通过高速数据接口 PCI-e 连接，通过直接内存操作（Direct Memory Access，DMA）将数字信号从主机内存传输到射频控制板，或将从射频前端来的数字信号传递到主机内存。

SORA 的软件中大量使用了现代处理器的并行处理技术来加速无线信号处理速度，使之可以满足无线通信协议中对处理速度和延迟的要求，具体包括：使用独占 CPU 内核技术以保证数字信号处理的实时性、使用查找表（Lookup Table，LUT）以减少数字信号处理过程中的计算量、利用 SIMD（Single Instruction Multiple Data）指令集[23] 进行数据并行计算等。在 SORA 平台上，已经实现了 IEEE 802.11a/b/g/n 物理层全部速率算法和 MAC 层协议，可以与商业 802.11 网卡无缝连接，相互通信。同时还实现了 3GPP（The 3rd Generation Partnership Project）、LTE[24] 上行链路物理层算法，实时通信速率达到 43.8Mbit/s。目前，SORA 软件无线电平台已经实现商业化[25]，已经被全球 100 多所机构和科研院所作为科研平台，得到了业界的广泛认可。特别的是，SORA 的论文在 2011 年被计算机界公认的顶级杂志 CACM（Communications of the ACM）评为在过去几年内最具影响力的论文之一[26,27]。

2. SORA 的硬件架构

SORA 的硬件基于模块化设计，支持多频段、多射频结构，包含一个射频控制板（Radio Control Board, RCB），通过射频转接板（Radio Adaptor Board，RAB）连接不同的前端。RCB 上有 8 个射频前端接口，可以将 8 个射频前端连接至 RCB，这 8 个射频前端可以工作在相同频段也可以工作在不同频段，可以独立使用也可以将其中若干个组成 MIMO 系统使用。射频前端是一个硬件模块，包含无线电信号转换所必需的电路，负责接收和发送无线电信号，如将信号从高频转换至中频或基带，反之亦然。射频前端与 RCB 之间通过 RAB 相连，提供了对射频前端操作的统一接口，通过射频快速链路（Radio Fast Link，RFL）协议实现，不同类型的射频前端通过实现 RFL 可以与 RCB 相连。RAB 定义了数字信号和模拟信号相互转换的接口，包含了 ADC 和 DAC，以及用于无线电传输所必要的电路[19]。

RCB 是 SORA 系统的核心板卡，它通过 PCI-e 接口与 PC 相连接。RCB 采用 Xilinx 公司 Virtex5 系列 FPGA，具有高性能、低功耗的特点[28]。RCB 的另一个重要作用是作为主机与射频前端数字信号传输的桥梁。RCB 中使用不同的缓冲区和队列，作为射频前端与主机内存之间数据传输的缓冲区，可以消除数据传输时突发的延迟抖动。同时，在 RCB 上还有板载内存，允许软件将预先计算好的波形缓存在 RCB 上，为软件无线电处理添加额外的灵活性。RCB 实物如图 1-1 所示。

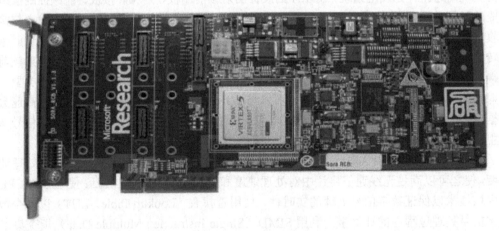

图 1-1　RCB 板实物图

RAB 包括一片 ADI 公司的全集成 AD/DA 芯片，它主要完成 AD/DA 转换，把来自 RCB 的经过变换后的数字基带信号转换为模拟信号，以及把来自 RF 板的模拟信号转换为可经 RCB 处理的数字基带信号；一片用于实现 SoraFRL 协议和逻辑控制功能的 FPGA；RAB 的时钟分配电路用于产生 AD/DA/射频所需参考时钟。RAB 实物如图 1-2 所示。

图 1-2　RAB 实物图

RF 板主要是实现天线接口和上下变频，核心采用 MAX2829 芯片，可以收发符合 WiFi 频段的 20MHz 或 40MHz 的带宽，采用时分双工（time division duplexing，TDD）方式来切换收发。RF 板实物如图 1-3 所示。

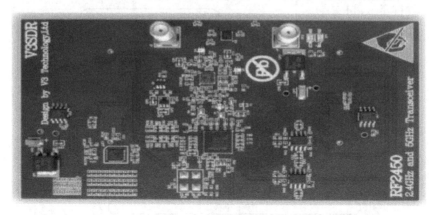

图 1-3　RF 板实物图

在接收过程中，射频前端将天线接收到的模拟信号下变频至较低的频率，然后通过离散采样将模拟信号转换为数字信号，传输到 RCB，进而传输至主机内存。在发送过程中，射频前端接收由软件产生的数字信号流，并合成为相应的模拟波形，通过发射天线发送出去。由于所有的信号处理都在软件中完成，所以射频前端可以设计为一个通用的结构，实现与 RCB 之间的标准接口。在相同的频率上的多种无线技术可以使用相同的射频前端硬件，RCB 可以连接到为不同的频段设计的射频前端。

3．SORA 的软件体系结构

SORA 的软件结构完全基于 Windows 操作系统实现，为用户提供了灵活、友好的编程环境，使用户可以实现无线通信协议中物理层与 MAC 层。同时用户还可以使用操作系统提供的各种服务，使用各种各样的应用软件[19]。图 1-4 显示了 SORA 的软件架构。射频控制板驱动程序管理射频控制板和射频前端的硬件资源，并向微端口驱动程序提供接口以发送/接收数字信号。微端口驱动程序通常向操作系统暴露为一个以太网接口，可以使所有的网络应用程序无缝地通过微端口驱动程序进行通信。在 SORA 中，微端口驱动程序中实现了 IEEE 802.11a/b/g 协议。另外，SORA 支持用户态扩展接口，可以在用户态程序中直接访问射频控制板与射频前端的资源。SORA 提供了一组高度优化的用户态接口函数在用户模式下实现高性能和低延迟的数字信号处理，包括独占 CPU 线程库、零拷贝数字信号传输和集成网络协议栈。用户态扩展框架允许程序员在用户模式下实现复杂无线通信协议栈，大大降低了开发难度。SORA 提供了一个用户态扩展应用程序示例，在用户模式下实现一个全功能的 IEEE 802.1 la/b/g 无线接收器。

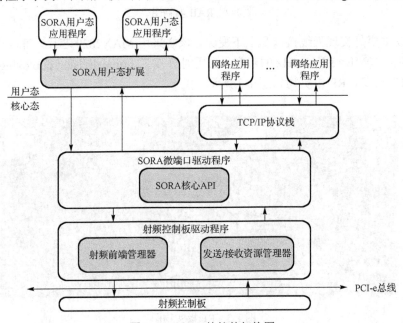

图 1-4　SORA 的软件架构图

　　SORA 的软件部分用 C 语言编写，部分关键性能的模块使用汇编代码优化。SORA 的整个软件协议栈被实现为一个 Windows 下的虚拟网卡，与 Windows 内部的 TCP/IP 协议栈相连，这样其他网络应用软件不需要任何修改即可通过 SORA 发送与接收数据。

　　SORA 提供了一系列技术来提高物理层与 MAC 层的性能。为了满足信号的实时处理要求，SORA 充分利用了多核 CPU 结构，包括：大量使用查找表来减少计算量、大量使用 CPU 中 SIMD 指令集进行并行数据处理、利用多核 CPU 进行流水线处理、独占 CPU 内核保证实时计算等。

　　图 1-5 显示了 SORA 中一个典型的微端口驱动程序架构。它通常向操作系统暴露为以太网接口，基于 Windows 编程框架实现。微端口驱动程序应该实现 TCP/IP 协议

栈中的低三层，即链路层、MAC 层和物理层。链路层实现对数据帧的转换和封装，例如，在发送/接收数据帧时，实现以太网帧与 802.11 数据帧的相互转换。MAC 层基本上是一个有限状态机（Finite State Machine，FSM），处理介质访问协议，在 SORA 中提供了一组关于 FSM 的接口函数以方便实现各种 MAC 协议。物理层包含全部基带信号处理过程，如调制、解调、信道监测（载波侦听）等。同时，为了便于交叉引用，在全局范围内提供一个名为 SDR_CONTEXT 的存储区用于存储各种跨层共享信息。

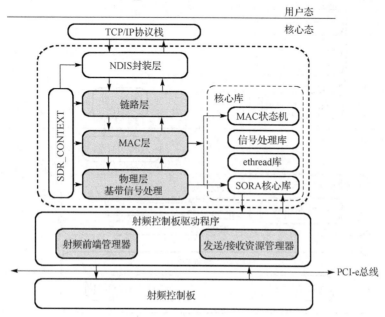

图 1-5　SORA 微端口驱动程序结构图

　　SORA 中提供了反射机制，允许将用户模式的调制解调器无缝地集成到 Windows 的网络协议栈。因此，任何网络应用程序都可以使用该调制解调器在无线网络中进行通信，图 1-6 显示了反射架构。微端口驱动程序作为操作系统的虚拟以太网卡，当一个数据帧到达时，微端口驱动程序将该数据帧反射到用户模式下，通过调制解调器将数据帧调制为数字信号并通过 SORA 的硬件平台发送出去。另一方面，调制解调器解调出一个数据帧后，它可以将该数据帧插入微端口驱动器，然后将其传递给网络协议栈上层接收队列。

　　在 SORA 中通过抽象射频对象对射频前端进行操作。一个抽象射频对象包含一个发送通道、一个接收通道和一组抽象控制寄存器。应用程序（无论是微端口驱动程序还是基于用户模式的用户态扩展程序）通过抽象射频对象对射频前端进行操作。射频控制板驱动程序将每个抽象射频对象映射到一个真正的射频前端。图 1-7 显示了抽象射频对象的结构。如果应用程序设置抽象射频对象的控制寄存器，则控制命令将通过射频控制板驱动程序和固件被转移到射频转接板，射频转接板负责翻译这些抽象指令，并转换为对前端射频硬件的实际操作指令。在此架构下，同样的应用程序不需要修改就可以运行在不同的射频前端。目前，SORA 最多可支持 8 个抽象射频对象，这些抽象射频对象既可以映射到不同的射频前端，又可以将它们组合以形成 MIMO 系统。

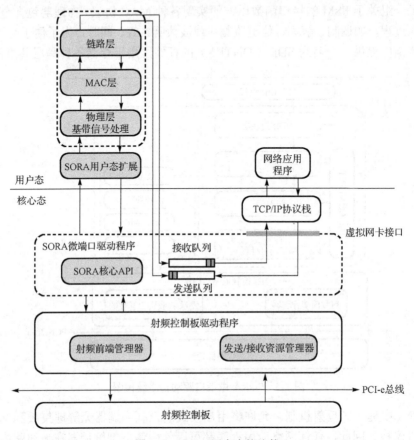

图 1-6　SORA 用户态协议栈

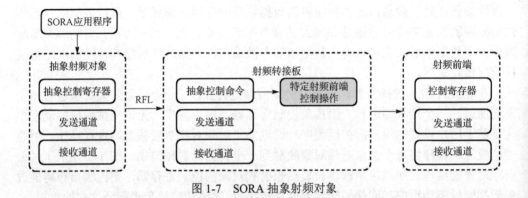

图 1-7　SORA 抽象射频对象

4. SORA 软件无线电处理技术

SORA 利用现代多核通用处理器的并行处理特性来加速数字信号处理速度。

1）数字信号处理技术

在内存与计算的权衡中，SORA 依赖于多核 CPU 中大容量、低延迟的高速缓存来存储预先计算的查找表来减少计算量。物理层信号处理算法中，很多都可以优化为查找表结构，使用查找表结构后，这些算法可加速 1.5～50 倍。各算法所需的查找表所占用的存储空间非常少，所有可被优化为查找表结构的算法所需的查找表可以存储在 CPU 的高速数据缓存中。同时，在算法执行过程中，这些查找表可以"锁定"在 CPU 的缓存中。另外，为了加速物理层信号的处理速度，SORA 大量使用了现代通用处理器中的 SIMD 指令集进行数据并行计算，如 SSE、3DNow! [29]和 AltiVec[30]。虽然，SIMD 指令集最初被设计用来加速流媒体和图形计算，但是 SIMD 同样适合用于加速信号处理速度。在物理层信号处理算法中，有大量算法可以利用 SIMD 指令加速计算。

2）多核流水线处理技术

SORA 利用当代 CPU 中多核的特性，使用多个 CPU 核并行计算来加速处理速度，从而满足物理层信号处理的计算需求。这种多核技术应该是可扩展的，因为信号处理算法的复杂度随着无线技术的发展越来越复杂，利用多核心、多处理器、多计算机并行计算才能满足物理层算法的计算需求。物理层信号处理过程由多个模块组成，模块之间以流水线的方式执行。各模块所需的输入/输出数据类型和个数不同，处理速度也不相同。只有当一个模块的输入端口有足够多的数据时才可以执行。因此，一个关键的问题是如何在多核 CPU 上有效地调度各模块的运行。

一种调度方法是采用并行调度，即流水线在不同的 CPU 核心上并行运行，通过调度器将数据分配到不同的流水线进行计算，如图 1-8(a)所示。但是，这种方法并不适合无线通信中物理层的信号处理过程。另一种调度方法是，采用动态调度方式，即将一个流水线的不同模块分配在不同 CPU 核心上运行。此时，调度器负责将流水线中可以调度的模块分发到不同 CPU 核心上去执行，这种调度方式类似于操作系统中在多核 CPU 上线程的调度方式，如图 1-8(b)所示。这种方式的缺点是开销过高。SORA 选择使用静态调度方式来调度数据流的执行。观察无线信号中物理层数据流处理模块的特点，发现数据流的执行实际上是静态的：根据每个模块执行的模式，可以决定其之后的模块是否处于可被调度执行的状态。因此，SORA 将整个物理层数据流分割为几个小的子数据流，然后分别将子数据流分配到不同的 CPU 核上执行，如图 1-8(c)所示。

3）实时性的支持

实时操作系统可以调度一切可利用的资源完成实时计算任务，其重要特点是通过任务调度来满足对于重要事件在规定的时间内作出正确的响应。对于非实时操作系统（如 Windows 和 Linux），其是多任务操作系统，同时有几十甚至上百个任务在运行，操作系统把时间划分成长短基本相同的时间区间，即"时间片"，通过操作系统的管理，把这些时间片依次轮流地分配给各个任务使用。操作系统给各任务分配优先级，为了照顾到紧迫型任务在进入系统后便能获得优先处理，引入了最高优先权调度算法，系统将把 CPU 分配给运行队列中优先权最高的任务。

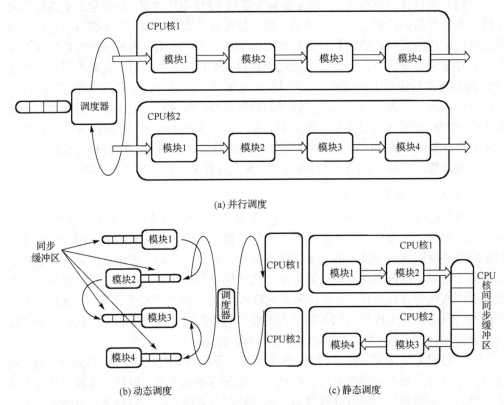

(a) 并行调度

(b) 动态调度　　　　　　　　　　　　(c) 静态调度

图 1-8　多核 CPU 中的数字信号处理流水线调度方式

在非实时操作系统中支持实时任务，可以采用 CPU 独占技术，即将实时任务分配到某一个 CPU 核心上运行，而将其他非实时任务分配到其他 CPU 核心上运行。CPU 独占技术对于软件无线电中无线信号处理任务是非常必要的。此外，CPU 独占技术比实时调度更容易实现，甚至不需要修改操作系统内核。例如，可以简单地将任务的优先级设置为最高级，使其一直运行在某一 CPU 核心上而不被其他任务打断。

1.2.3　Open Air Interface

1. 背景

3GPP 长期演进项目（LTE）是 2006 年以来 3GPP 启动的最大的新技术研发项目。LTE 项目以 OFDM/FDMA 为核心，改进并且增强 3G 空中接入环节，其技术可以看成

"准 4G"技术。在此环境下，欧洲电信学院（EURECOM）在其 wireless3g4free 平台的基础上，演变开发了具有各种制式空中接口的实验平台，即 OAI（Open Air Interface），旨在实现 LTE 全协议栈通信[31]。

OAI 是一个结合软件与硬件的开源开发平台。开发期间，历经三个阶段[32]。

第一阶段：2003~2007 年，EURECOM 移动通信部门在公共基金研究与开发项目的经验基础上，由 wireless3g4free 平台进化，得到作为 Platon 和 Rhodos 项目组成部分的 OAI 软件平台。

第二阶段：2005~2008 年，在硬件 CardBus MIMOIV1 基础上，同时进行 OAI 软硬件的开发和研究，目标是实现 LTE。

第三阶段：2007 年至今，OAI 选择硬件 PCI Express MIMO，如果未来获得成功可以最多支持 8 天线即 4×4MIMO，带宽也可以增长到 20MHz，实现 LTE。

2. OAI 概述

OAI 以其开源、实时性、能够完全模拟无线接入协议等特点，逐渐为广大学者和用户所熟知，并且在无线通信和信号处理等方面得到了广泛的应用。

OAI 是基于 C 语言开发的，采用计算机模拟通信节点，节点间通过局域网上的 IP 地址进行 socket 通信互连，在抽象物理层（Physical Layer，PHY）与媒体访问控制（Media Access Control，MAC）接口之间交换数据信息，OAI 还提供了一个可控的通信网络系统，研究者可以在 OAI 模拟平台下，进行大量的仿真实验和实时的操作。并且，当计算机 CPU 与图形处理器（Graphic Processing Unit，GPU）的处理能力足够强劲，局域网络传输速度足够迅速时，OAI 在复杂度和性能等方面都有明显的改善[33]。因此，基于 OAI 的研究会更加便捷，且实验结果更加接近实际的应用[34]。

OAI 的出现，带动和促进了在无线通信相关领域的研究，例如，认知无线电（Cognitive Radio，CR）[35,36]、MIMO[37]，以及网状网络[38]等通信领域的性能分析。研究者在 OAI 的基础上搭建了基于 LTE 时分双工（Time Division Duplexing，TDD）的认知无线电通信平台，并研究了系统的特性，针对现有的认知无线电通信提出了合适的校准方案。同时，OAI 还有能独立完成测试无线网络各部分性能的优点。

3. OAI 支撑硬件

OAI 平台中存在两种不同的硬件模块，即 CardBus MIMO1 和 Express MIMO。

目前，几乎所有的工作都是在 CBMIMO1 上完成的，接下来分别讨论两种硬件。CBMIMO1 板，如图 1-9 所示，由工作在 1.9~1.92GHz 的 5MHz 带宽的 TDD 射频与传送功率为 21dBM 每天线的 OFDM 波形组成。板中存在一款中型 FPGA（Xilinx X2CV3000）、PCI 总线与 A/D、D/A 转换器。连接主机后可以使用 CardBus PCI 接口。具体参数如表 1-1 所示。

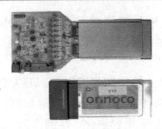

图 1-9　CBMIMO1 板

表 1-1　CBMIMO1 板硬件特性详细参数

FPGA Components	Xilinx Virtex 2 3000
Data Converters	2×AD9832 (dual 14-bit 128 Msps D/A, dual 12-bit 65 Msps A/D)
MIMO Capability	2×2
RF TX Chipset	2×Maxim MAX2395 (1900-1920 MHz) Zero-IF
RF RX Chipset	2×Maxim MAX2393 (1900-1920 MHz) Zero-IF
TX Power	21 dBm per antenna
RX Noise Figure	6-7 dB at highest gain setting
Bus Interface	32-bit PCI (CardBus)
Configuration	Flash EEPROM, Xilinx JTAG port (FPGA and EEPROM)

Express MIMO[38]由两块 FPGA 组成，Xilinx XC5VLX330 是为了实时嵌入信号处理的相关应用而准备的，XilinxXC5VLX110T 是为了控制。该板可以实现 8 天线的输入、输出，最大带宽可以达到 20MHz，具体参数如表 1-2 所示。

表 1-2　Express MIMO 板硬件特性详细参数

FPGA Components	Virtex 5 LX330, Virtex 5 LX110T
Data Converters	4×AD9832 (dual 14-bit 128 Msps D/A, dual 12-bit 64 Msps A/D)
MIMO Capability	4×4 Quadrature, 8×8 low-IF
Memory	128 Mbytes/133 MHz DDR (LX110T), 1-2 Gbytes DDR2 (LX330)
Bus Interface	PCIExpress 8-way
Configuration	512 MB Compact Flash (SystemACE), JTAG

4. OAI 软件框架

OAI 软件框架由 4 部分组成[39]，分别是 openair0、openairl、openair2 以及 openair3，每个部分都对应着 OAI 模型的不同层，有着不同的功能与结构。其中，openair0 文件主要描述了硬件设备 CardBus MIMO 和 Express MIMO，以及对应的 FPGA 固件驱动程序；openairl 文件包括 LTE 抽象 PHY 所提供的模拟通道流程；openair2 包含了 LTE 系统相关协议栈，即 MAC、无线链路控制（RadioLink Control，RLC）层，分组数据汇聚协议（Packet Data Convergence Protocol，PDCP)层，无线资源控制（Radio Resource Control，RRC）等；openair3 具备因特网协议（Internet Protocol，IP）网络模块。

　　OAI 的 MAC 层软件模块中还存在着诸多不足，如部分程序模块为了实现简便而采取折中处理，可能造成数据结果的理想化。而 MAC 层对整个 LTE 系统的吞吐量能否高效地处理数据起着重要作用[40]。因此，众多研究者基于 OAI 系统，按照 3GPP 36-321 协议来开发 MAC 层，从而逐步完善其功能。

　　MAC 层是 LTE 系统无线协议栈第二层结构内位置最低的一层，其结构图如图 1-10 所示[41]，在 3GPP 36-321 协议中有着全面、详尽的介绍。其中，无线资源控制（Radio Resource Control，RRC）层功能是连接了控制平面和用户平面的无线资源，如针对 PDCP 与 RLC 层的配置。PDCP 层的功能是处理控制平面上 RRC 层的配置和用户平面上 IP 的数据包。在控制平面，PDCP 层为上层 RRC 层提供信令传输服务，并实现 RRC 层相关配置；在用户平面，PDCP 层获得上层的 IP 数据，对 IP 数据打包，传递给 RLC 层，此外 PDCP 层还向上层提供按序提交和重复分组检测功能。

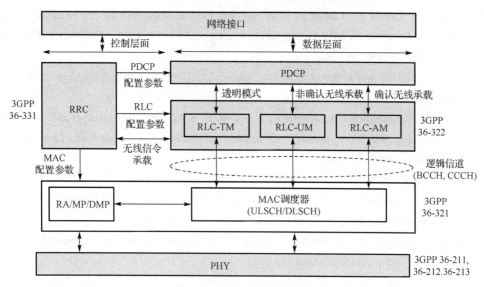

图 1-10　LTE 系统协议架构

参 考 文 献

[1] 林婧, 王宏, 方炜, 等. 软件无线电的研究现状综述[J]. 计算机测量与控制, 2011, 10: 2332-2334, 2350.

[2] Mitola J I. Software radios-survey, critical evaluation and future directions[J]. IEEE Aerospace & Electronics Systems Magazine, 1992, 8(4): 13/15-13/23.

[3] Lackey R I, Upmal D W. Speakeasy: the military software radio[J]. IEEE Communications Magazine, 1995, 33(5): 56-61.

[4] SDR Forum [EB/OL]. http: //www. wirelessinnovation. org.

[5] Tennenhouse D L, Bose V G. The SpectnunWare approach to wireless signal processing[J]. Wireless Network, 1996, 2(1): 1-12.

[6] RDRN [EB/OL]. http://http://www. ittc. ku. edii/RDRN.

[7] Mehta M, Wesseling M. Adaptive baseband sub-system for TRUST[C]. The 11th IEEE International Symposium on IEEE Personal, Indoor and Mobile Radio Communications, 2000, 1: 29-33.

[8] Murotake D, Oates J. Practical implementation of software reconfigurable multi-user detection for maximizing capacity and coverage of imt-2000 ds-cdma base stations[J]. IEEE International Symposium on Personal Indoor & Mobile Radio Communications. 2000, 1: 463-468.

[9] Gunn J E, Barron K S, Ruczczyk W. A low-power DSP core-based software radio architecture[J]. IEEE Journal on Selected Areas in Communications, 1999, 17(4): 574-590.

[10] Leppanen P, Reinila J, Nykanen A, et al. Software radio-an alternative for the future in wireless personal and multimedia communications[C]. International Conference on IEEE Personal Wireless Communication, 1999: 364-368.

[11] Boujse D. TRUST system research: Architectures and UML modeling[C]. Proceedings of Software Defined Radio Forum, 2002.

[12] Bennett D W, Kenington P B, Mcgeehan J P. The ACTS FIRST project and its approach to software radio design[C]. IEE Colloquium on IET Adaptable and Multistandard Mobile Radio Terminals (Ref. No. 1998/406), 1998: 4/1-4/6.

[13] 夏少波, 许娥. 软件无线电 SDR 的关键技术研究[J]. 无线通信技术, 2010, 19(2): 48-51.

[14] Akos D M, Stockmaster M, Tsui J B Y, et al. IEEE Transactions on Direct bandpass sampling of multiple distinct RF signals[J]. Communications, 1999, 47(7): 983-988.

[15] Widrow B, Kollár I. Quantization noise: Round off error in digital computation[J]. Signal Processing, Control, and Communications, 2008: 485-528.

[16] 杨小牛, 楼才义, 徐建良. 软件无线电原理与应用[M]. 北京: 电子工业出版社, 2001: 1-7.

[17] 钮心沂, 杨义先. 软件无线电技术与应用[M]. 北京: 北京邮电大学出版社, 2000: 3-8.

[18] 程心欲. 中频软件无线电接收平台的研究与实现[D]. 武汉: 华中科技大学, 2005.

[19] 房骥. 基于多核 CPU 的软件无线电平台研发及应用技术研究[D]. 北京: 北京交通大学, 2013.

[20] 高原. 基于 FPGA 的软件无线电系统研究[D]. 北京: 北京理工大学, 2014.

[21] USRP [EB/OL]. http: //www. ettus. com.

[22] GNU Radio [EB/OL]. http: //gnuradio. org/.

[23] Hunter H C, Moreno J H. A new look at exploiting data parallelism in embedded systems[C]. Proceedings of the 2003 International Conference on Compilers, Architecture and Synthesis for Embedded Systems, ACM, 2003: 159-169.

[24] 3GPP. Evolved Universal Terrestrial Radio Access (E-UTRA); Long Term Evolution (LTE) physical layer; general description[S]. 2008.

[25] Microsoft research software radio[EB/OL]. http: //research. microsoft. com/en-us/projects/sora/.

[26] Katabi D. Sora promises lasting impact: Technical perspective[J]. Communications of the ACM, 2011, 54(1): 98.

[27] Tan K, Liu H, Zhang J, et al. Sora: High-performance software radio using general-purpose multi-core processors[J]. Communications of the ACM, 2011, 54(1): 99-107.

[28] PCI-SIG. PCI Express Base 2. 0 specification[S]. 2007.

[29] Oberman S, Favor G, Weber F. AMD 3DNow! technology: Architecture and implementations[J]. IEEE Micro, 1999, 19(2): 37-48.

[30] Motorola. AltiVec Technology Programming Interface Manual[M]. USA: Motoral Corporation, 1999.

[31] Open Air Interface[EB/OL]. http: //www. openairinterface. org.

[32] Sorby T. Demonstration of spatial interweaves cognitive radio[D]. Trondheim: Norwegian University of Science and Technology, 2010.

[33] Latif I, Kaltenberger F, Nikaein N, et al. Large scale system evaluations using PHY abstraction for LTE with OpenAirInterface[C]. Proceedings of the 6th International ICST Conference on Simulation Tools and Techniques, 2013: 24-30.

[34] Anouar H, Bonnet C, Câmara D, et al. An overview of OpenAirInterface wireless network emulation methodology[J]. ACM SIGMETRICS Performance Evaluation Review, 2008, 36(2): 90-94.

[35] Zayen B, Kouassi B, Knopp R, et al. Software implementation of spatial interweave cognitive radio communication using OpenAirInterface platform[C]. International Symposium on Wireless Communication Systems (ISWCS), 2012: 401-405.

[36] Kouassi B, Ghauri I, Zayen B, et al. On the performance of calibration techniques for cognitive radio systems[C]. 2011 14th International Symposium on Wireless Personal Multimedia Communications, 2011: 1-5.

[37] Kaltenberger F, Ghaffar R, Knopp R. Low-complexity distributed MIMO receiver and its implementation on the OpenAirInterface platform[C]. 2009 IEEE 20th International Symposium on Personal, Indoor and Mobile Radio Communications, 2009: 2494-2498.

[38] Kaltenberger F, Ghaffar R, Knopp R, et al. Design and implementation of a single-frequency mesh network using openairinterface[J]. EURASIP Journal on Wireless Communications and Networking, 2010: 19.

[39] 张俊龙. 宽带无线通信系统的 SDR 平台实现[D]. 北京: 北京邮电大学, 2013.

[40] 周园. LTE 系统中 MAC 子层下行调度算法研究[D]. 西安: 西安电子科技大学, 2009.

[41] Bonnet C, Câmara D, Ghaddab R, et al. Sensor network aided agile spectrum access through low-latency multi-band communications[C]. 2011 International Conference on Distributed Computing in Sensor Systems and Workshops (DCOSS), 2011: 1-2.

第 2 章　软件无线电基本理论

2.1　信号采样理论

软件无线电的核心思想是将射频信号尽可能地数字化，将其转换为可处理的数据流，然后再通过软件编程来实现各种功能。这就面临如何对感兴趣的信号进行采样的问题。因此，要想真正地了解软件无线电的工作过程，必须了解现代通信系统的理论，其中，包含 Nyquist 采样定理、数字滤波器和数字上下变频原理分析等。这些理论知识为之后的系统分析和设计提供了理论保证。

根据 Nyquist 采样理论，任何信号都可以通过离散信号来表示，要求它的 AD 采样频率至少是其工作带宽的两倍，而一个理想的软件无线电架构能收发任何频率和所有制式的无线电信号，但是要通过目前的技术实现这些功能是不现实的。滤波器矩形系数、高的采样速率以及对 ADC 后续信号处理（FPGA/DSP）的高标准要求等因素，大大地提高了信号处理部分的实现难度。针对理想软件无线电结构在实际实现过程中存在的问题，可对软件无线电结构进行分类，提出三种软件无线电的基本结构[1,2]：①基于低通采样的软件无线电结构；②基于射频直接带通采样的软件无线电结构；③基于带通采样的宽带中频软件无线电结构。

第一种结构如图 2-1 所示，根据 Nyquist 采样定理，低通采样频率应该大于最高工作频率的两倍，如此高的采样频率目前的 DAC 是无法实现的，这不仅对 ADC 是一个挑战，而且对 ADC 后续信号处理（FPGA/DSP）器件的性能提高也是一个难以解决的难题。

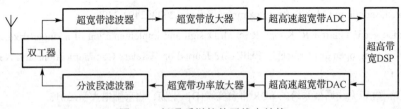

图 2-1　低通采样软件无线电结构

第二种结构如图 2-2 所示，这种结构框图能相应地降低第一种软件无线电结构对数字信号处理、DAC 的要求。从图 2-2 中可以看出这种结构框图不仅降低了 DAC 变换的采样速率，而且对后面数字信号的处理要求也降低了。尽管有诸多优点，但在实际中，高宽带和前置窄带滤波器功能的实现存在一定的难度。

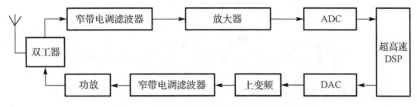

图 2-2　射频带通采样软件无线电结构

第三种结构[3]如图 2-3 所示，从此结构中可得知采用了超外差机制（多次混频），此种无线电结构的主要优点是它会使中频的带宽更加宽，所有的调制解调等功能均可以通过软件编程来实现。它的缺点是射频前端（A/D 前的模拟预处理电路）较复杂，射频前端的主要功能是把射频信号变换成适合 ADC 变换的宽带中频信号。这样就可以降低 ADC 采样数字化的速率要求。相比较其他两种软件无线电结构图，此种结构图可以很好地在实际操作中实现。

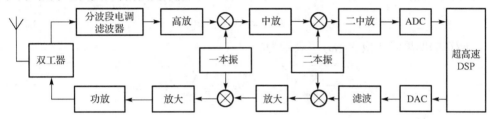

图 2-3　宽带中频带通采样软件无线电结构

基于 GNU Radio 和 USRP 的系统平台采用的就是类似图 2-3 的软件无线电架构。

2.1.1　采样定理

Nyquist 定理[4]可以表述如下：假设频率带限信号 $x(t)$，其频率的范围限制在 $(0, f_H)$ 内，如果以大于或等于 $f_s = 2f_H$ 的采样速率对 $x(t)$ 采样，就可以得到时间离散的采样信号 $x(n) = x(nT_s)$（其中采样间隔 $T_s = 1/f_s$），则原信号 $x(t)$ 就可被采样得到的信号 $x(n)$ 完全确定。

假设单位冲激函数 $\delta(t)$，构成了式（2-1）所示的周期冲激函数 $p(t)$，即

$$p(t) = \sum_{n=-\infty}^{+\infty} \delta(t - nT_s) \tag{2-1}$$

而根据单位冲激函数 $\delta(t)$ 的性质，有

$$\int_{-\infty}^{+\infty} \delta(t)\varphi(t)\mathrm{d}t = \varphi(0) \tag{2-2}$$

把 $p(t)$ 用傅里叶级数展开得

$$p(t) = \sum_{-\infty}^{+\infty} C_n \mathrm{e}^{\mathrm{j}\frac{2\pi}{T_s}nt} \tag{2-3}$$

其中

$$C_n = \frac{1}{T_s} \int_{-T_s/2}^{T_s/2} p(t) \cdot \mathrm{e}^{-\mathrm{j}\frac{2\pi}{T_s}nt} \, \mathrm{d}t = \frac{1}{T_s} \int_{-T_s/2}^{T_s/2} \delta(t) \cdot \mathrm{e}^{-\mathrm{j}\frac{2\pi}{T_s}nt} \, \mathrm{d}t = \frac{1}{T_s} \tag{2-4}$$

把式（2-4）代入式（2-3）中得

$$p(t) = \frac{1}{T_s} \sum_{n=-\infty}^{+\infty} \mathrm{e}^{\mathrm{j}\frac{2\pi}{T_s}nt} \tag{2-5}$$

使用采样频率 f_s 对信号进行抽样可以得式（2-6）所示的抽样信号表达式，即

$$x_s(t) = p(t) \cdot x(t) = \left[\frac{1}{T_s} \sum_{n=-\infty}^{+\infty} \mathrm{e}^{\mathrm{j}\frac{2\pi}{T_s}nt} \right] \cdot x(t) = \frac{1}{T_s} \sum_{n=-\infty}^{+\infty} [\mathrm{e}^{\mathrm{j}\frac{2\pi}{T_s}nt} \cdot x(t)] \tag{2-6}$$

假设 $x(t)$ 的傅里叶变换为 $X(\omega)$，则根据傅里叶变换性质有

$$\mathrm{e}^{\mathrm{j}\omega_0 t} \cdot x(t) \Leftrightarrow X(\omega - \omega_0) \tag{2-7}$$

$x_s(t)$ 的傅里叶变换 $X_s(\omega)$ 可表示为

$$X_s(\omega) = \frac{1}{T_s} \sum_{-\infty}^{+\infty} X\left(\omega - \frac{2\pi}{T_s} n \right) = \frac{1}{T_s} \sum_{-\infty}^{+\infty} X(\omega - n\omega_s) \tag{2-8}$$

其中，$\omega_s = \dfrac{2\pi}{T_s} = 2\pi f_s$。

由式（2-8）可知，抽样所得信号的频谱为原信号频谱频移之后的多个频谱叠加而成，也就是说 $X_s(\omega)$ 中包含有 $X(\omega)$ 的频谱部分，所以只需满足式（2-9）所示的条件之后，使用一个带宽不小于 ω_H 的滤波器，就可以滤出原来的信号 $x(t)$，即

$$f_s \geqslant 2f_H \text{ 或 } \omega_s \geqslant 2\omega_H \tag{2-9}$$

2.1.2　带通信号采样定理

Nyquist 采样定理只是讨论了频谱分布在 $(0, f_H)$ 上的基带信号的采样问题，而对信号频谱分布在频率范围 (f_L, f_H) 上时，并没有进行进一步的讨论。带通采样定理[5]可以表述为：假设频率带限信号 $x(t)$，其频率范围在 (f_L, f_H) 内，如果其采样速率 f_s 满足式（2-10），即

$$f_s = \frac{2(f_L + f_H)}{(2n+1)} \tag{2-10}$$

其中，n 取能够满足 $f_s \geqslant 2(f_H - f_L)$ 的最大正整数，则使用这个采样频率进行采样所得到的信号采样值 $x(nT_s)$ 就能够准确地确认原信号 $x(t)$。

此外，式（2-10）也可使用中心频率 f_0 和频带宽度 B 来表示，即

$$f_s = \frac{4f_0}{(2n+1)} \qquad (2\text{-}11)$$

其中，$f_s = (f_L + f_H)/2$；而 n 则取能满足 $f_s \geq 2B$ 条件的最大正整数。就目前来讲，软件无线电所覆盖的频率范围一般要求比较宽，如果使用 Nyquist 低通采样定理，所需要的采样速率就会很大，这就使具体实现产生很大的困难。所以带通采样定理是软件无线电最重要的理论基础。

2.2　多速率信号处理

　　软件无线电的另一个问题是由采样率的提高而带来的。由于采样之后的数据流速率很高，会导致信号处理速度不够，特别是一些同步解调算法，那么就有必要对 A/D 之后的数据流进行降速处理。多速率信号处理[6]就为这种降速处理提供了理论基础。

2.2.1　整数倍抽取

　　整数倍抽取是指把原始数据 $x(n)$ 每 D 个数据抽取一个，从而形成一个新序列 $x_D(m)$，即

$$x_D(m) = x(mD) \qquad (2\text{-}12)$$

其中，D 为正整数，具体的抽取过程和抽取器符号如图 2-4 所示。如果 $x(n)$ 的采样率为 f_s，以 D 倍抽取率对 $x(n)$ 进行抽取后，得到的 $x_D(m)$ 的采样率就为 f_s/D。而且当 $x(n)$ 含有大于 $f_s/(2D)$ 的频率分量时，$x_D(m)$ 就必然会产生频率混叠，导致无法从 $x_D(m)$ 中恢复 $x(n)$ 中小于 $f_s/(2D)$ 的频率分量信号。

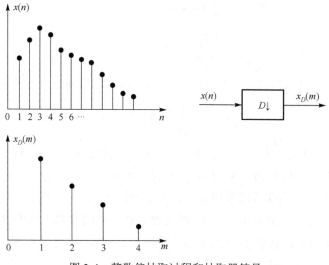

图 2-4　整数倍抽取过程和抽取器符号

假设信号 $x'(n)$ 为

$$x'(n) = \begin{cases} x(n), & n = 0, \pm D, \pm 2D, \cdots \\ 0, & \text{其他} \end{cases} \quad (2\text{-}13)$$

根据如下恒等式

$$\frac{1}{D}\sum_{l=0}^{D-1} e^{j\frac{2\pi ln}{D}} = \begin{cases} 1, & n = 0, \pm D, \pm 2D, \cdots \\ 0, & \text{其他} \end{cases} \quad (2\text{-}14)$$

$x'(n)$ 就可表示为

$$x'(n) = x(n)\left[\frac{1}{D}\sum_{l=0}^{D-1} e^{j\frac{2\pi ln}{D}}\right] \quad (2\text{-}15)$$

由于 $x_D(m) = x(Dm) = x'(Dm)$，则 $x_D(m)$ 的 z 变换为

$$X_D(z) = \sum_{m=-\infty}^{+\infty} x_D(m)z^{-m} = \sum_{m=-\infty}^{+\infty} x'(mD)z^{-m} \quad (2\text{-}16)$$

由于 $x'(m)$ 只有在 m 不为 D 的整数倍时才为零，所以式（2-13）可重写为

$$X_D(z) = \sum_{m=-\infty}^{+\infty} x'(m)z^{\frac{-m}{D}} \quad (2\text{-}17)$$

把 $x'(m)$ 的表达式代入式（2-17）中可得

$$\begin{aligned} X_D(z) &= \sum_{m=-\infty}^{+\infty}\left\{x(m)\left[\frac{1}{D}\sum_{l=0}^{D-1} e^{j\frac{2\pi lm}{D}}\right]\right\}z^{\frac{-m}{D}} \\ &= \frac{1}{D}\sum_{l=0}^{D-1}\sum_{m=-\infty}^{+\infty}\left[x(m)e^{j\frac{2\pi lm}{D}}\right]z^{\frac{-m}{D}} \\ &= \frac{1}{D}\sum_{l=0}^{D-1} X\left[e^{j\frac{2\pi l}{D}}\cdot z^{\frac{1}{D}}\right] \end{aligned} \quad (2\text{-}18)$$

把 $z = e^{j\omega}$ 代入式（2-18），得到抽取序列 $x_D(n)$ 的离散傅里叶变换表达式为

$$X_D(e^{j\omega}) = \frac{1}{D}\sum_{l=0}^{D-1} X[e^{j(\omega-2\pi l)/D}] \quad (2\text{-}19)$$

由式（2-19）可知，抽取序列的频谱 $X_D(e^{j\omega})$ 是抽取前原始序列的频谱 $X(e^{j\omega})$ 经过频移和 D 倍展宽之后的 D 个频谱的叠加。图 2-5 给出了抽取前后序列频谱的变化[4]。

由图 2-5 可知，抽取后的频谱 $X_D(e^{j\omega})$ 会产生严重的混叠现象，从而无法恢复出 $X(e^{j\omega})$ 中想要的信号频谱分量。所以，需要使用数字滤波器对 $X(e^{j\omega})$ 进行滤波来避免此种情况。这样的处理就会使得 $X(e^{j\omega})$ 中只含有小于 π / D 的频率分量，然后就可以进行 D 倍抽取，相应的频谱变换过程如图 2-6 所示。

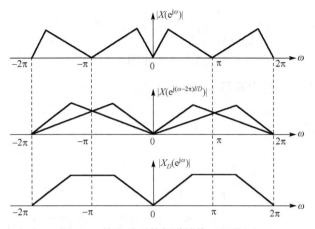

图 2-5　抽取前后的频谱结构（混叠）

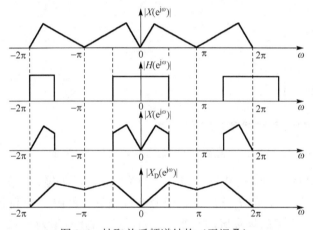

图 2-6　抽取前后频谱结构（无混叠）

通过上述分析可以得出一个完整的 D 倍抽取器的结构，如图 2-7 所示，即在抽取器之前应该有前置低通滤波器。

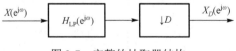

图 2-7　完整的抽取器结构

2.2.2　整数倍内插

整数倍内插是在两个原始采样点之间插入 $I-1$ 个零值，它可以说是抽取的逆过程，来实现提高采样率的操作。假设原始采样序列为 $x(n)$，则经过内插处理的新序列 $x_I(m)$ 为

$$x_I(m) = \begin{cases} x\left(\dfrac{m}{I}\right), & n = 0, \pm I, \pm 2I, \cdots \\ 0, & \text{其他} \end{cases} \qquad (2\text{-}20)$$

具体内插过程和内插器符号如图 2-8 所示。

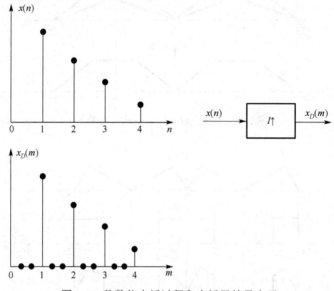

图 2-8 整数倍内插过程和内插器符号表示

从图 2-8 可以看出 $x_I(m)$ 中除了 m 为 I 的整数倍处不为零外，其他部分均为零，而在采样率提高到 I 倍，即 $f_s' = If_s$ 时，信号的最高频率就由 f_h 提高到 If_h，所以为了得到填充的 $I-1$ 个零点的真实值，必须让 $x_I(m)$ 经过截止频率为 $f_s / 2$ 的低通滤波器来滤去 $X(f)$ 在 f_s' 范围内的频谱镜像，这个低通滤波器又称为内插滤波器，如图 2-9 所示。采样率提高器与内插滤波器合称为内插器，其结构如图 2-10 所示。

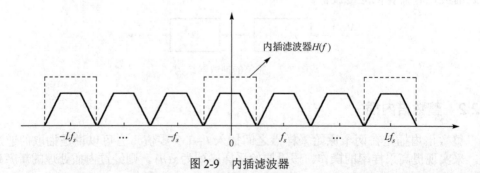

图 2-9 内插滤波器

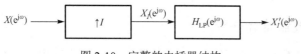

图 2-10 完整的内插器结构

2.2.3 采样率分数倍变换

整数倍内插和整数倍抽取实际是采样率变换的特殊情况，即整数倍变换。然而大多数情况下并不是这种情况，而且整数倍变换会有较大的采样率变换盲区。例如，当 $f_s = 100$ MHz 时，在抽取率 $D = 7$ 和 $D = 8$ 时采样率变换相差近 1.8MHz。所以，采样率的分数倍变换的研究显得非常重要。

分数倍采样率变换实际上就是将内插和抽取操作放在一起，即通过先内插后抽取来实现采样率的分数倍变换。假设分数倍变换的变换比为 $R = I / D$，并且设 f_s 和 f_s'' 为变换前后的采样率，即 $f_s'' = Rf_s$，具体实现如图 2-11 所示。而且必须内插在前，抽取在后，来确保中间序列 $s(k)$ 的基带频谱宽度不小于原始输入序列 $x(n)$ 或输出序列 $y(m)$ 的基带频谱宽度，否则会引起信号失真。

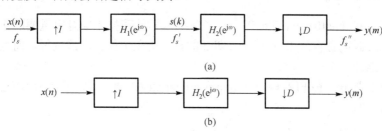

图 2-11 分数倍变换

不过从图 2-11(a)中可以看出两个级联的低通滤波器 $H_1(e^{j\omega})$、$H_2(e^{j\omega})$ 工作在相同的采样率 $f_s' = I \cdot f_s$，所以，$H_1(e^{j\omega})$、$H_2(e^{j\omega})$ 可以用一个组合滤波器来代替，即如图 2-11(b)所示。而组合滤波器的 $H(e^{j\omega})$ 的频率特性应满足

$$H(e^{j\omega}) = \begin{cases} 1, & |\omega| \leqslant \min\left(\dfrac{\pi}{I}, \dfrac{\pi}{D}\right) \\ 0, & \text{其他} \end{cases} \qquad (2\text{-}21)$$

2.3 数字滤波器

采样率变换中的一个关键问题是如何实现抽取前或内插后的数字滤波器，也就是说，无论是抽取或内插，或是采样率的分数倍变换，都需要设计一个满足其抗混叠要求的数字滤波器。

2.3.1　数字滤波器设计基础

数字滤波器可用图 2-12 表示，$x(n)$ 为输入，$y(n)$ 为输出，而 $h(n)$ 为数字滤波器的冲激响应函数，而式（2-22）为其数学表达。

$$y(n) = \sum_{-\infty}^{+\infty} h(k) \cdot x(n-k) \qquad （2-22）$$

用卷积形式可表示为

$$y(n) = h(n) * x(n) \qquad （2-23）$$

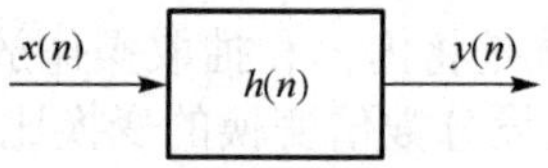

图 2-12　数字滤波器

2.3.2　半带滤波器

半带滤波器（half-band filter）[6]在多速率信号处理技术中有很重要的作用，这是因为这种滤波器适合实现 $D = 2^M$ 倍（即 2 的幂次方倍）的抽取或内插，而且计算效率高、实施性强。

半带滤波器是一种 FIR（Finite Impulse Response）滤波器，其频率响应 $H(e^{j\omega})$ 满足以下关系，即

$$\omega_A = \pi - \omega_C \qquad （2-24）$$

$$\delta_S = \delta_P = \delta \qquad （2-25）$$

从式（2-24）和式（2-25）中可以看出半带滤波器的阻带宽度 $\pi - \omega_A$ 与通带宽度 ω_C 是相等的，且通带、阻带波纹也相等，如图 2-13 所示。

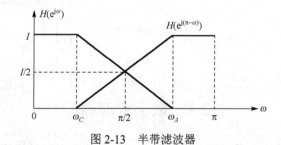

图 2-13　半带滤波器

半带滤波器具有如下性质

$$H(e^{j\omega}) = 1 - H(e^{j(\pi-\omega)}) \qquad （2-26）$$

$$H(\mathrm{e}^{\mathrm{j}\pi/2}) = 0.5 \tag{2-27}$$

$$h(k) = \begin{cases} 1, & k = 0 \\ 0, & k = \pm 2, \pm 4, \cdots \end{cases} \tag{2-28}$$

半带滤波器的冲激响应 $h(k)$ 在除零点外的其他偶数点位置均为零，所以，采用半带滤波器实现频率变换时，只需一半的计算量，也就是说计算效率较高，特别适用于进行实时处理。

2.3.3　积分梳状滤波器

在实际的系统中抽取因子 D 往往并不是 2^M 倍，而是表示为一个整数与 2^M 相乘的形式，所以，采用半带滤波器进行抽样因子 D 为 2 的幂次方的抽取是一种特殊的情况。假设 $D = 40 = 5 \times 2^3$ 时，就不可以直接使用半带滤波器，而是要先进行 $D = 5$ 的整数倍抽取，然后，再用半带滤波进行 2^3 抽取。这时第一级的整数倍抽取就可以用积分梳状（Cascade Integrator Comb，CIC）滤波器来实现[6]。

积分梳状滤波器的冲激响应如式（2-29）所示

$$h(n) = \begin{cases} 1, & 0 \le n \le D-1 \\ 0, & 其他 \end{cases} \tag{2-29}$$

其中，D 为 CIC 滤波器的阶数（也就是抽样因子）。CIC 滤波器的 z 变换为

$$H(z) = \sum_{n=0}^{D-1} h(n) \cdot z^{-n} = \frac{1}{1-z^{-1}}(1-z^{-D}) = H_1(z)H_2(z) \tag{2-30}$$

其中，$H_1(z) = \dfrac{1}{1-z^{-1}}$；$H_2(z) = 1 - z^{-D}$。

可见 CIC 滤波器由积分器 $H_1(z)$ 和梳状滤波器 $H_2(z)$ 级联而成。将 $z = \mathrm{e}^{\mathrm{j}\omega}$ 代入上两式可得

$$\left| H(\mathrm{e}^{\mathrm{j}\omega}) \right| = \left| \frac{\sin\left(\dfrac{\omega D}{2}\right)}{\sin\left(\dfrac{\omega}{2}\right)} \right| = D\left| \mathrm{Sa}\left(\frac{\omega D}{2}\right) \cdot \mathrm{Sa}\left(\frac{\omega}{2}\right) \right| \tag{2-31}$$

其中，Sa( ) 函数称之为抽样函数，$\mathrm{Sa}(x) = \dfrac{\sin x}{x}$。简单的梳状滤波器和积分滤波器的实现框图如图 2-14 所示。

由图 2-14 可以看出，梳状滤波器是一种 FIR 滤波器，由延时单元和加法器组成。而积分器可以看成一种 IIR（infinite impulse response）滤波器，但少了前馈单元。通过观察梳状滤波器和积分滤波器，可以发现在积分器中的反馈回路上含有一个乘 +1 操作，而在梳状滤波器中前馈回路也有一个乘 –1 的操作。这两个操作可以通过简单的取

反运算来实现，也就是说它不需要乘法运算，可以大大降低电路的复杂性，从而与一般的 FIR 和 IIR 相比节省很多资源。这也是 CIC 滤波器的优点之一。

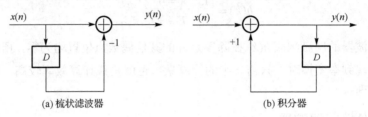

图 2-14　CIC 实现框图

2.4　软件无线电基本结构

软件无线电的基本处理结构如图 2-15 所示，从该图中可以看出软件无线电的主要组成部分是用于射频信号转换的射频前端、用于数字模拟信号转换的 ADC 和 DAC，以及软件处理部分如 DSP 等部件。在这三大部分中，ADC 和 DAC 起着主要的作用，这是因为不同的采样方式将决定射频前端的组成结构，以及之后的器件对数字信号的处理。而根据所采用的不同采样方式，就可以将软件无线电的组成结构划分为三种，如 2.1 节中所述，即低通采样软件无线电结构、射频直接带通采样软件无线电结构和宽带中频带通采样软件无线电结构[6]。

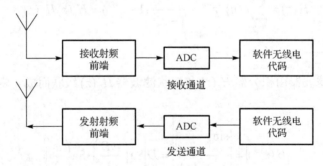

图 2-15　软件无线电处理流程

2.4.1　数字下变频

数字下变频[7]是把所需的分量从中频载波频率搬移到所需频率（如基带），来降低之后信号处理的速率。输入信号的样本 $x(n)$ 和由数控振荡器产生的复向量的样本 $e^{j\omega_0 n}$ 在数字混频器中相乘之后，进行频率的搬移，然后经过低通滤波器滤除混频过程中产生的带外信号，从而把输入信号的频谱搬移到基带。

假设输入样本 $x(n)$ 如式（2-32）所示，即

$$x(n) = A(n)\cos\left(2\pi n \frac{f_0}{f_s}\right)$$ （2-32）

其中，$A(n)$ 为基带采样信号；f_0 为中频载波频率；f_s 为采样频率。则经过混频之后的信号为

$$x'(n) = A(n)\cos\left(2\pi n \frac{f_0}{f_s}\right)\cos\left(2\pi n \frac{f_{L0}}{f_s}\right)$$ （2-33）

其中，f_{L0} 为数控振荡器的本振频率，一般情况下 $f_{L0} = f_0$。根据三角函数公式，可得

$$x'(n) = A(n)\frac{1}{2}\left\{\cos\left[2\pi n \frac{(f_{L0}-f_0)}{f_s}\right] + \cos\left[2\pi n \frac{(f_{L0}+f_0)}{f_s}\right]\right\}$$ （2-34）

由式（2-34）可知，混频后的信号含有基带信号和高频分量，信号经过低通滤波器滤除高频分量后，就会使得输出信号变为基带信号，从而完成数字下变频的过程。由于混频之后的数据率有可能会很高，之后的低通滤波器可能无法达到这个处理速率，所以，可以先通过级联 CIC 滤波器和半带滤波抽取器（HBF）进行抽取，从而降低数据率，然后再进行低通滤波。所以数字下变频的过程就可用图 2-16 所示。

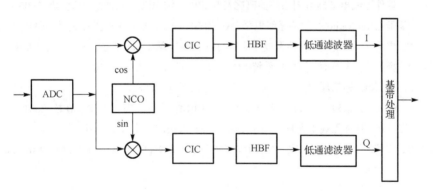

图 2-16　数字下变频

2.4.2　数字上变频

数字上变频是数字下变频的逆过程，其主要任务是将基带处理后的数字信号转换成在信道传输的信息。而从频域来看，它就是把基带信号搬移到更高的频率上。它包括脉冲波形成形、滤波和混频等部分。基带信号通过脉冲波形滤波来产生适用于模拟形态传输的符号，然后再通过半带滤波器进行滤波，而滤波后的信号进过混频模块之后加入载波，从而变为数字中频信号[7,8]。

数字上变频的核心部分是滤波部分，它是一个插值滤波器，通过在原始的采样间隔内增加新的零点来提高输出信号的采样率。而且，还要使用低通滤波器来滤除由于

插值所产生的原信号的镜像频谱。也就是说插值滤波部分也包括低通滤波器。图 2-17
为数字上变频的结构图。

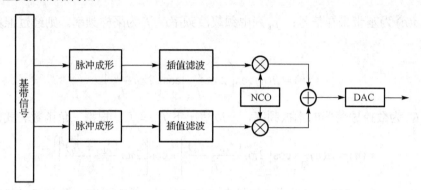

图 2-17　数字上变频

参 考 文 献

[1]　苏小妹. 软件无线电调制解调系统的研究及其 FPGA 实现[D]. 长沙: 湖南大学, 2005.

[2]　王奇. 基于 GNU Radio 的软件无线电平台研究[D]. 哈尔滨: 哈尔滨工业大学, 2011.

[3]　杨小牛, 楼才义, 徐建良. 软件无线电原理与应用[M]. 第 1 版. 北京: 电子工业出版社, 2001.

[4]　郑君里, 杨为理, 应君衍. 信号与系统[M]. 北京: 高等教育出版社, 2006.

[5]　樊昌信, 曹丽娜. 通信原理[M]. 北京: 国防工业出版社, 2008.

[6]　杨小牛, 楼才义, 徐建良. 软件无线电原理与应用[M]. 北京: 电子工业出版社, 2001.

[7]　粟欣, 许希斌. 软件无线电原理与技术[M]. 北京: 人民邮电出版社, 2010.

[8]　谭学治, 姜靖, 孙洪剑. 认知无线电的频谱感知技术研究[J]. 信息安全与通信保密, 2007, (3): 61-63.

第 3 章　GNU Radio 软件无线电平台

3.1　GNU Radio 平台综述

GNU Radio[1]是一种基于 Python 的体系结构平台，可以运行于基于 Linux 操作系统的通用 PC 上，其软件代码和硬件设计完全公开。基于该平台，用户能够以软件编程的方式灵活地构建各种无线应用。GNU Radio 是一个信号处理组件的集合体，主要支持 RF 接口、通用软件无线电外围设备（USRP）以及具有 ADC 和 DAC 功能的四通道上、下链路转换器板。这种板子也允许使用 RF 子板。一般 GNU Radio 是入门级 SDR 的一个很好的起始点，可以用来构建和部署 SDR 系统，在市场上获得了成功应用，特别是在业余无线电和无线电爱好者市场上。但 GNU Radio 也有局限性，包括：①GNU Radio 依靠通用处理器（General-Purpose Processors，GPP）进行基带处理，因此任何一个处理器都限制了它的信号处理能力；②GNU Radio 不支持分布式计算，只能用于单处理器系统，这也限制了它支持高带宽协议的能力。

GNU Radio 是一款免费的开源软件无线电库，与 USRP 结合在一起，构成了一个非常灵活的开发平台，让人们可以像开发小软件一样，轻松地开发无线设备。因为它的开放性和低成本，GNU Radio 和 USRP 现在已经在全世界拥有越来越多的使用者。GNU Radio 应用程序用 Python 语言来编写（Python 语言介绍请详见第 6 章），真实的信息处理过程是由 C++浮点扩展库来实现的。因此开发者可以获得实时高效的可复用的应用开发环境。虽然 GNU Radio 并不是主要用于仿真，但也可以不用真实硬件，而使用预先记录或生成的数据来开发信号处理算法。GNU Radio 提供所有通用软件无线电需要的库，包括各种调制方式（GMSK、PSK、QAM、OFDM 等）、纠错码（R-S 码、维特比码、Turbo 码）、信号处理模块（最优滤波器、FFT、均衡器、定时恢复）和调度。它是一个很灵活的系统，允许用户使用 C++或者 Python 开发应用程序[2]。

GNU Radio 是一个开源的可以构建软件无线电平台的软件包。它是由 Eric Blossom 发起的、完全开放的软件无线电项目，旨在鼓励全球技术人员在这一领域协作与创新，目前已经具有一定的影响力[3]。GNU Radio 主要基于 Linux 操作系统，也可以移植到其他操作系统上，采用 C++结合 Python 脚本语言进行编程，其代码完全开放。图 3-1 为简单 SDR 的收发结构示意图。

一些处理模块仅有输出端口或者输入端口，它们分别称为信号源（data source）和信号接收器（sink）。有的信号源从文件或者 ADC 读入数据，而信号接收器则将数据写入文件，或 DAC，或 PC 的多媒体接口。图 3-2 为 GNU Radio 和 USRP 的模块结构框图[4]。

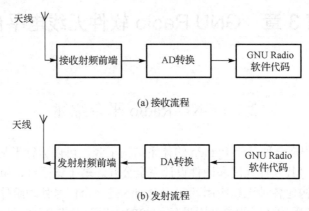

(a) 接收流程

(b) 发射流程

图 3-1　软件无线电简单示意框图

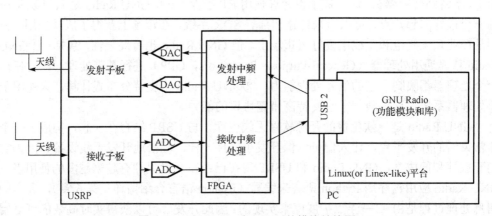

图 3-2　GNU Radio 和 USRP 的模块结构图

　　GNU Radio 和 USRP 结合起来，通过软件定义无线电的发送和接收，从而构成了一个完整的软硬件通信系统，这样我们就可以在这个平台上进行通信，进而在软件层面实现调制、解调等，就像是做一个软件开发工作，能够很方便地进行软件无线电的研究和开发工作，在软件的世界完成各种功能。GNU Radio 包含各种库函数，这些库函数包含通信处理的各个模块，如数字信号处理、调制、解调等，这些功能模块可以通过设计有效的连接，形成一个完整的系统，我们把这个过程称为建立流向图（flow graph），每一个模块就像是 block，通过流向图的设计和搭建，就能够从整体上设计和搭建无线电系统。同时，GNU Radio 软件的顶层中有着非常丰富的 block，这些 block 包含了调制、解调、滤波、FFT、同步模块等，用户可以直接调用这些 block，还可以根据业务需要进行开发，完成各项功能和任务需要，GNU Radio 也优化了一些模块的增强指令集，具有很高的性能[5,6]。图 3-3 为 GNU Radio 和 USRP 所构成系统的通用层次架构图。

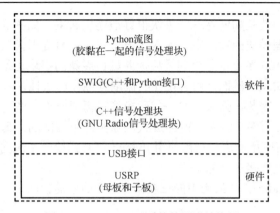

图 3-3　GNU Radio 系统的层次结构图

3.2　GNU Radio 软件架构

GNU Radio 的编程是基于 Python 脚本语言和 C++的混合方式进行的[7]。C++由于具有较高的执行效率，用于编写各种信号处理模块，如滤波器、FFT、调制/解调器、信道编译码模块等，GNU Radio 中称这种模块为 block。GNU Radio 提供了超过 100 个信号处理块，并且扩展新的处理模块也是非常容易的。Python 是一种新型的脚本语言，具有不需要编译、语法简单以及完全面向对象的特点，因此用来编写连接各个 block，使其成为完整的信号处理流程的脚本，在 GNU Radio 中称其为流图（flow graph）。

GNU Radio 提供一个信号处理模块的库，这个库包含多种调制模式（GMSK、PSK、QAM、OFDM 等）、多种纠错编码（R-S 码、维特比码、Turbo 码等）、多种信号处理结构（任意滤波器、FFT、量化器等），编程者通过建立一个流向图（flow graph）就能将各个通信模块联系起来，从而搭建成一个无线电系统[8]。图 3-4 为流图的流向示意。

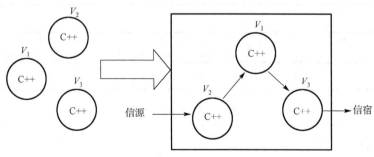

图 3-4　流图示意图

形象地说，流图就像一块电路板，在流图基础上的 block 就如电路板上的电路模块，而我们需要做的就是如何将这些模块很好地连接起来。如图 3-4 所示，信号数据流不停地从信号处理模块的输入端口流入，再从相应信号处理模块的输出端口流出。GNU Radio 提供了 100 多个信号处理模块，并且扩展新的模块也是非常容易的，这些模块都由 C++语言实现。然而，由于设计的低耦合性和层次性，Python 不用关心 C++模块内部如何运行。因此，强大的 C++代码模块只需要开放一些可供外部调用的接口即可。这样，无论应用多么复杂，Python 代码通常是很简洁的，真正的负担由 C++承担。因此，对于任何应用而言，只需使用 Python 语言描绘一个流向图，显示出信号的流程，并将各种模块连接在一起即可。

下面对 GNU Radio 软件架构中的三要素[9]进行简单的说明。

1）block

GNU Radio 中将各种使用 C++语言编写的高速信号处理模块称为 block。这些 block 主要用来处理基带信号方面的一些高速操作，如调制/解调、编码/译码、滤波器等。GNU Radio 中提供一个 block 库，其中包含超过 100 个常用 block，如 FM（Frequency Modulation）模块、各种常用滤波器模块以及卷积码编码译码模块等。

所有 block 的定义都继承自 gr_basic_block/gr_block 基类，在这两个基类中有关于 block 的一些基本变量的定义，如 block 的名字、输入/输出类型等。而 gr_block 还衍生出另外三个可以被其他 block 继承的基类，分别为 gr_sync_block、gr_sync_intepolator 和 gr_sync_decimator。在使用 block 的时候将多个 block 连接成为一个流图脚本文件之后，才能实现无线通信系统的功能。这就要求数据流能够高速地在 block 之间流动，所以在 block 中就要尽量避免对数据做一些大量数据转存之后再处理的工作，这样做可能会影响 block 的性能。GNU Radio 中也有一些 block 是使用 Python 语言编写的，这些 block 实际上就是用 Python 语言将多个 C++编写的 block 连接起来成为流图之后，再将这个流图封装成为一个 block，称为 hierarchical block。有些比较复杂的信号处理模块需要用多个 C++编写的 block 来完成，而将这些 block 连接起来再封装成为一个 block 来使用会大大地方便用户，如图 3-5 所示的 GMSK 调制模块。

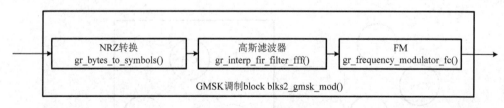

图 3-5　GMSK 调制模块

2）SWIG

用户使用 block 的时候，需要把它和其他的 block 用 Python 语言连接起来成为流图。可是 block 使用 C++语言编写，而 flow graph 使用 Python 语言编写，这就需要一个工具来实现 C++和 Python 之间的接口转换，SWIG（Simplified Wrapper and Interface Generator）就是 GNU Radio 中为实现这个功能而产生的[10]。SWIG，即简化封装和接口生成器，它就像胶水一样把使用 C++编写的 block 和 Python 语言黏合在一起，使得 Python 可以直接调用 block。

3）流图

流图和 block 的结构与开放系统互连（Open System Inter-connection，OSI）的 7 层结构思想有些类似，即上层不关心底层的一些运行细节，而底层要向上层提供服务。从 Python 的角度来看，它所要做的就是要选择连接流图所需要的 block，然后设置一些参数，最后再将它们连接起来作为一个应用程序来运行。所以在这里就看不到 C++程序的详细工作过程。而在这些选择的模块中需要注意的是一定要有信源和信宿模块。

综上所述，GNU Radio 的软件架构如图 3-6 所示。

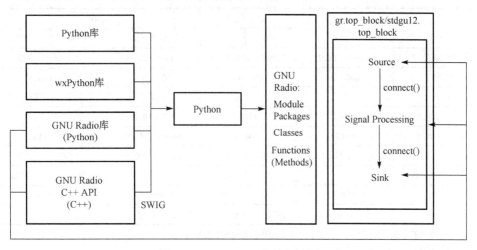

图 3-6　GNU Radio 软件架构图

3.3　GNU Radio 硬件平台

GNU Radio 是硬件独立的，也就是说除了我们熟悉的 USRP 以外，还有其他一些硬件可以用 GNU Radio，如 HackRF、bladeRF 等。以 USRP 为例，GNU Radio 由三部分硬件模块组成：射频电路板、USRP2 板和 GPP，三个模块在软件无线电系统中分别担任不同的任务，如图 3-7 所示，射频电路板完成射频信号与中频信号的转换；USRP2 板实现模数、数模的转换和中频部分的上下变频；GPP 部分实现基带信号的调制解调、编解码等。

HackRF、bladeRF 和 USRP（B200/210）分别由 Great Scott Gadgets、Nuand 和 Ettus 生产，三款 SDR 硬件平台的性能区别如表 3-1 所示[11]。

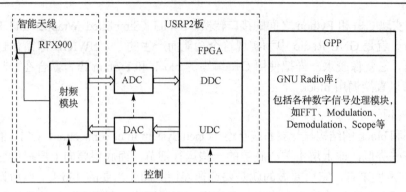

图 3-7　基于 GNU Radio 的硬件平台结构

表 3-1　三款硬件 SDR 平台比较

	HackRF	bladeRF		USRP		
		×40	×115	B100 Starter	B200	B210
射频频谱	30MHz～6GHz	300MHz～3.8GHz		50MHz～2.2GHz①	50MHz～6GHz	
带宽	20MHz	28MHz		16MHz②	61.44MHz③	
双工	半双工	全双工		全双工	全双工	双输入双输出
样本尺寸（ADC/DAC）	8bit	12bit		12bit/14bit	12bit	
样本速率（ADC/DAC）	20MS/s	40MS/s		64MS/s/128MS/s	61.44MS/s	
接口（速度）	USB 2 HS(480Mbit/s)	USB 3(5Gbit/s)		USB 2 HS(480Mbit/s)	USB 3(5Gbit/s)	
FPGA 逻辑单元	④	40k	115k	25k	75k	150k
单片机	LPC43XX	Cypress FX3		Cypress FX2	Cypress FX3	
开源	所有	HDL+代码原理图		HDL+代码原理图	主机代码⑤	

注：① 单独的子板可以进行接收/发射，本套装中包括 WBX 收发器。
　　② 如果用 16bit 的样本则减半。
　　③ 每个半双工信道需要 56MHz，每个全双工信道需要 30.72MHz。
　　④ 板子上有 CPLD，但是没有 FPGA。
　　⑤ Ettus 确认 B210/B200 的 HDL+代码+原理图即将发布。

下面分别对 GNU Radio 的三种硬件平台进行简单介绍。

3.3.1　HackRF

HackRF 是一款由 Michael Ossmann 发起的开源软件无线电外设，其目的主要是提供廉价的 SDR 方案，支持 30MHz～6GHz，最大带宽为 20MHz，2012 年制作了 500 块测试版本 Jawbreaker，并向社会分发测试。经过用户对 Jawbreaker 的反馈后，开发者对硬件板卡进行了重新布线，改善了射频性能。随后于 2013 年 7 月 31 日～9 月 4 日共计 35 天的时间，在著名的社会化融资平台 Kickstarter 上，迅速获得多达 1991 人的预订，共预订出价值为$602960 的 HackRF。图 3-8 为 HackRF 的实物板图。

HackRF 具有如下的技术特征。

（1）全面支持 GNU Radio。

（2）支持 30MHz~6GHz 的频率范围。

（3）与 RTL2832U（RTLSDR）不同，HackRF 可以进行发射。

（4）比 USRP 更廉价。

（5）最大采样率为 20MS/s（10 倍于电视棒 RTLSDR）。

（6）连接接口支持高速 USB。

（7）采用 USB 供电。

（8）硬件/软件全部开源。

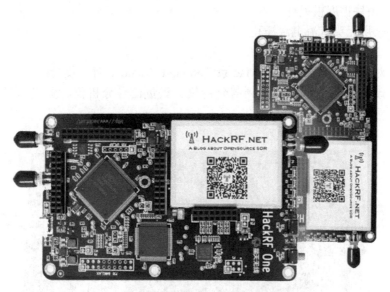

图 3-8　HackRF 的实物板图

3.3.2　bladeRF

bladeRF 是一种完全总线驱动的设备，不需要为一般的操作进行过多的接口插入操作。超高速的 USB 3.0 方案为 bladeRF 提供了理想的高吞吐、低延时的通信接口，这将使得 PC 比以前更加靠近无线天线。对于那些寻求独立的一站式解决方案的研发者而言，bladeRF 只需要一个 5V 的直流输入，并且利用 FPGA 自动进行信号处理。图 3-9 为 bladeRF 实物图。

bladeRF 具有如下的技术特征。

（1）支持 USB3.0 接口的高速软件定义无线电；

（2）便携的和手持的，外形尺寸是：5 英寸×3.5 英寸；

（3）可扩展的镀金射频 SMA（SubMiniature version A）连接器；

（4）300MHz～3.8GHz 的射频频率范围；

（5）独立的接收/发送 12 位、采样频率为 40MS/s 的正交采样；

（6）可实现全双工 28MHz 信道；

（7）16 位 DAC 工厂校准 38.4mhz±1ppm 的压缩温度补偿晶体振荡器；

（8）板载 200MHz 的带 512KB SRAM 的 ARM9 芯片（其中 JTAG 调试端口可用）；

（9）板载 40KLE 或 115KLED Altera 公司的 Cyclone 4 E FPGA（其中 JTAG 调试端口可用）；

（10）配置有 SMB 电缆的 2×2 MIMO，并可扩展至 4×4；

（11）添加通用输入输出、以太网和 1pps 同步信号以及扩展频率范围和进行功率限制来进行模块扩展板设计；

（12）采用无头直流电源插孔；

（13）高效的低噪声功率结构；

（14）对 Linux，Windows，Mac 系统和 GNU Radio 软件的支持；

（15）硬件方面可以被当做频谱分析仪、矢量信号分析仪、矢量信号发生器来操作。

图 3-9　bladeRF 实物图

3.3.3　USRP

USRP 是一个开源的、低价格的专门为 GNU Radio 设计的硬件平台。USRP 是一个非常灵活的 USB 设备，它把 PC 连接到 RF 世界，可以在 0～5.9GHz 载频上实现最高 16Mbit/s 的带宽信号收发。USRP 也是完全开放的，其所有的电路、设计文档和 FPGA

代码均可从 Ettus Research 的网站下载。它具有低成本、高效率等特点。基于 GNU Radio 和 USRP 的组合，用户可以构建各种具有想象力的软件无线电应用[8]。图 3-10 为 USRP 封装后的实物图。图 3-11 为 USRP 的基本结构图。

图 3-10　USRP 实物图

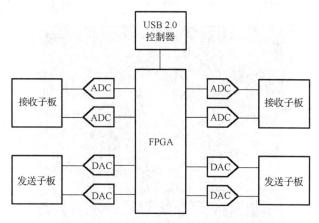

图 3-11　USRP 的基本结构图

USRP 具有如下的技术特征。

（1）由一块母板和最多四块前端子板组成，子板中两块用于接收，两块用于发射。

（2）母板含一片 USB 2.0 控制器，型号为 Cypress EZ-USB FX2。

（3）母板含一片高速信号处理 FPGA，型号为 Altera Cyclone EP1C12Q240C8。

（4）母板含四个扩展插槽，用于连接 2～4 块子板。

（5）母板包括 4 个高速 ADC，每个 ADC 的采样率为 64MS/s，4 个高速 DAC，每个 DAC 的采样率为 128MS/s。

（6）每个子板上提供 16 个通用输入/输出（General Purpose Input Output，GPIO）引脚，用于外部调试。

（7）子板频率范围涵盖直流到 5.9GHz 的范围。

3.4　USRP 硬件平台

USRP 主要由 USRP 母板、各种不同类型的子板和相应的天线组成。典型的 USRP 产品系列包括两部分：一个带有高速信号处理的 FPGA 母板和一个或者多个覆盖不同频率范围的可调换的子板，其详细的模块结构框图如图 3-11 所示。USRP 的母板有 4 个高速 ADC，每个 ADC 的采样速率为 64MS/s，每符号 12bit；4 个高速 DAC，每个 DAC 的采样速率为 128MS/s，每符号 14bit；一片 FPGA。USRP 的子板作为射频前端来使用，其作用是将基带信号调制到一个较高的载频上输出，或者反之，将输入信号下变频到基带。子板的类型有三种：接收板（receiver）、发送板（transmitter）、收发板（transceiver）。接收板只支持接收，发送板只支持发送，收发板则既可用于发送也可用于接收[12]。图 3-12 为 USRP 母板和子板实物图。

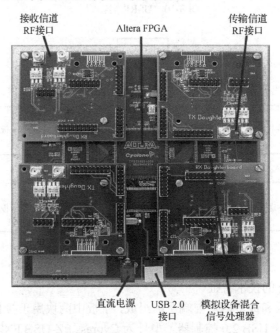

图 3-12　USRP 套件实物图

如图 3-13 所示，母板上面包含的 ADC、DAC 以及 FPGA，主要完成中频采样以及中频信号与基带信号之间的互相转换。而子板主要负责处理不同频带的射频信号，并进行射频、中频信号之间的转换。硬件的各个组成部分的相关特性都是极为重要的，它们在很大程度上影响无线电设计、软件编程，使用时必须严格按照这些硬件的约束条件和要求进行操作。从模块框图可以看出，USRP 采用两块 Analog Device 的 AD9862 芯片，这是美国模拟器件公司设计的、适合无线较高带宽通信应用的高性能混合信号

前端。每块可提供两路 12bit、64MSymbol/s 的 ADC 和两路 14bit、128MSymbol/s 的
DAC。那么一块母板在接上 4 块子板的情况下一共可提供 4 路 ADC 和 4 路 DAC，即
收/发各两路的复采样。

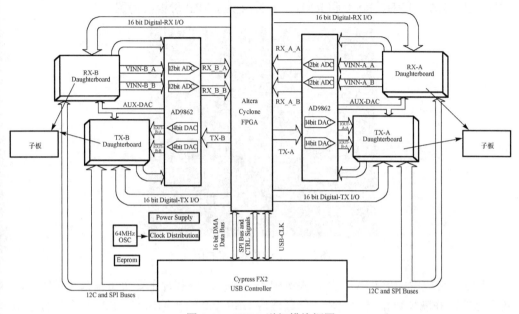

图 3-13　USRP 详细模块框图

AD9862 的接收路径包括用在基带或低中频（IF）上接收多种数据或正交（I&Q）
数据的两个高性能 ADC、输入缓冲器、接收端的增益可编程放大器和抽取滤波器。
AD9862 还包含一个可编程的延迟锁定环路（delay-locked loop，DLL）时钟倍频器与
集成定时电路（允许使用单个基准时钟）、辅助 ADC 和 DAC（用于对接收信号强度指
示进行监视和控制）、温度传感器及增益与失调调整电路。

AD9862 的发送路径允许接受多种数据格式并且包括两个高性能 DAC、发送端增
益可编程放大器、2 倍或 4 倍内插滤波器、一个希尔伯特（Hilbert）数字滤波器和用
于复合或真实信号上变频的数字混频器。这些特点使系统结构从本质上减少了重构和
抗混叠滤波要求。

3.4.1　USRP 母板

USRP 母板在整个 USRP 设备中有至关重要的作用。它完成的功能主要有信号的
数模和模数转换、基带信号的生成、信号在基带和中频之间的转换等。USRP 母板包
含 4 个 14bit/128MSymbol/s 的 DAC，4 个 12bit/64MSymbol/s 的 ADC，这都是在 AD9862
芯片上的，而这 4 个输入/输出通道连接到 Altera Cyclone EP1C12 FPGA 上，之后 FPGA
则连接到 USB 接口控制芯片 Cypress FX2 上，进而连接到 PC 端。但是 USRP 只可通

过 USB 2.0 进行连接，不支持 USB 1.1。图 3-14 为 USRP 母板实物图，从图中可以看到具体的 ADC、DAC、FPGA 和 USB 控制芯片的位置。也可以看到母板上有四个插槽,其作用是与子板连接，所以每个 USRP 最多可以连接 4 个子板，其中两发两收，分别标记为 TXA、TXB、RXA 和 RXB。图 3-14 为 USRP 母板实物图。

图 3-14　USRP 母板实物图

USRP 母板中的 FPGA 芯片是关键中的关键。这块芯片主要负责执行高带宽下的数学运算，并减少数据传输速率，使其适应 USB 2.0 的传输速率。FPGA 中包含了由 CIC 滤波器和 31 抽头的 HBF 所组成的数字下变频器（digital down converter，DDC）。DDC 可以将中频信号转变为基带信号，也可以通过下采样即抽取信号来降低信号的速率，从而使数据的传输速率可以满足 USB 2.0 的传输速率。此外可以根据所需的信号有用带宽来设置抽取过程。假设抽取因子为 decimation，那么就可以将有用信号的带宽缩小 decimation 倍。例如，当把 decimation 设为 250 时，带宽就应该为 64MHz/250 = 256kHz。而这个系数的设置范围为[8,256]。图 3-15 为 DDC 的结构图。

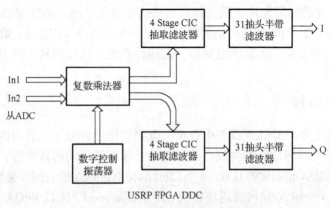

图 3-15　DDC 的结构图

USB 上能够保持的最大速率是 32MB/s，而 USB 上发送、接收的所有符号均为 16 位有符号整数（signed int）组成的正交形式，这就意味着每个复采样为 4B。所以 USB 上的最大符号速率是 8MS/s，根据 Myquist 准则，最大有效频谱带宽约为 8MHz。

USRP 母板的 ADC 和 DAC 均在 AD9862 芯片上，因为各有 4 个，所以一共有两块 AD9862 芯片。USRP 在接收路径上有 4 个高速的 12 位 ADC，采样率为 64MS/s，它可以数字化 32MHz 带宽。ADC 的范围是 2V 峰值，输入时差分 50Ω，也就是 10dBm。而在 ADC 之前有一个可编程的增益放大器（PGA），它是用来放大输入信号的，以便在输入信号较弱的时候可以使用 ADC 的整个输入范围，它最大可设为 20dB。在发送路径上也有 4 个高速的 14 位 DAC，采样率为 128MS/s，理论上的 Nyquist 带宽为 64MHz。而 AD9862 芯片中为了使得滤波容易，将输出频率范围设为从 0 到 44MHz。类似地，在 DAC 之后也使用了 PGA 用于提供信号增益，最大可达到 20dB。

在 AD9862 芯片中另一个值得注意的地方就是包含数字上变频器（DUC），其作用是对信号进行内插操作，将基带信号转变为中频信号，并对速率进行控制，然后输入 DAC 中。其中有一个内插因子 interpolation，这个值的取值范围是[0, 512]，并且必须为 4 的倍数。另外，在 USRP 中设定这个参数值的时候，它和 decimation 参数值之间是两倍的关系。图 3-16 为 DUC 的结构图。

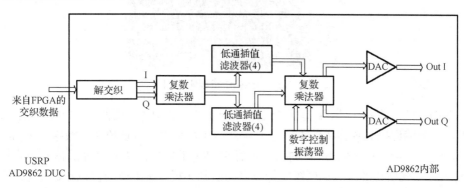

图 3-16　DUC 的结构图

母板通过 DUC 和 DDC 将基带信号或射频信号变为中频信号，那就需要设置 DUC 和 DDC 中的中频频率，这是通过 usrp_standard.cc 中的函数 calc_dxc_freq() 来实现的。通过设定的频率值和采样率值计算出需要设置的频率值。系统中将这个值默认设置为 4MHz。

3.4.2　USRP2 母板

USRP2 基于 USRP 的成功经验，以非常低的价格提供更高的性能和更大的灵活性。更高速度和更高的精度的 ADC 和 DAC 允许使用更宽波段的信号，增加了信号的动态范围。针对 DSP 应用优化了的大型现场可编程门阵列（FPGA）可以在高采样率下处理复杂波形。千兆以太网接口，使应用程序可以使用 USRP2 同时发送或接收 50MHz 的射频带宽。在 USRP2 中，FPGA 出现了如数字上变频器和下变频器等高采样率处理器。较低采样率的操作可在主机计算机上，甚至可以在具有 32 位 RISC（Reduced Instruction Set Computer）微处理器和有很大用户设计自由空间的 FPGA 上进行。更大的 FPGA 使得 USRP2 可以在没有计算机主机的情况下作为一个独立的系统运行。USRP2 的配置和固件存储在一个 SD 闪存卡里，不需要特别的硬件就可以轻松编程。

图 3-17 是 USRP2 母板实物图。多个 USRP2 系统可以连接在一起形成最多可达 8 天线 MIMO 全相关多天线系统。主振荡器可以被锁定到一个外部参考，并有每秒 1 个脉冲（PPS）输入用于对精确定时有需求的应用。

图 3-17　USRP2 母板实物图

USRP2 的主要特性[13]有：①两个 100MS/s 的 14 位 ADC；②两个 400MS/s 的 16 位 DAC；③可编程控制抽样率的数字下变频器；④可编程控制插值率的数字上变频器；⑤千兆以太网接口；⑥2Gbit/s 的高速串行接口用于扩展；⑦能处理的信号带宽高达 100MHz；⑧模块化的架构，可以支持更多的射频子板；⑨附属的模拟和数字 I/O 支持复杂的无线电控制，如接收信号强度指示（RSSI）和自动增益控制（AGC）；⑩多达 8 天线的全相关多信道系统（支持 MIMO），1MB 的板载高速静态内存（SRAM）。

3.4.3　USRP 子板

从 USRP 母板实物图中可以看到母板上有四个插槽，可以插入两个基本发送子板和两个基本接收子板。子板是用来装载射频接收接口和射频发射机的。而每个子板插槽可以访问 4 个高速 ADC/DAC 中的 2 个（DAC 输出用于发送，ADC 输入用于接收)。而每块子板均有其自己的天线（RFX 子板例外，收发子板共用一个天线）。PC 通过子板板载 IC 的 EEPROM 来识别子板的类型。不同子板有不同的射频范围，这样就可以通过自身的需要来选择子板[14]。图 3-18 为 Basic TX/RX 子板实物图，表 3-2 介绍了子板的主要类型。

(a) Basic TX 子板

(b) Basic RX 子板

图 3-18　USRP 子板实物图

Basic TX 和 Basic RX 是 1～250MHz 发射机和接收机，用作外部射频前端的中频（IF）接口。ADC 输入和 DAC 输出直接变压器耦合到 SMA 连接器（50Ω 阻抗）。而不通过混频器、滤波器或者放大器。Basic TX 和 Basic RX 可以直接访问子板接口上的所有信号（包括 16 位高速数字 I/O, SPI 和 I2C 总线以及低速 ADC 和 DAC）。注：SMA（Sub Miniature A）是一种常见的天线接口。

表 3-2　USRP 子板类型说明

子板名称	频率范围	说明
Basic RX	1～250MHz	基本接收子板，无发射功能。用作外部射频前端的中频接口。不通过混频器、滤波器或放大器
Basic TX	1～250MHz	基本发射子板，无接收功能。用作外部射频前端的中频接口。不通过混频器、滤波器或放大器
LFRX	DC-30MHz	低频接收子板，无发射功能，与 Basic RX 类似
LFTX	DC-30MHz	低频接收子板，无发射功能，与 Basic TX 类似
DBSRX	800MHz～2.4GHz	只有接收功能
TVRX	50～860MHz	只有接收功能，是唯一不支持 MIMO 的子板
WBX	50MHz～2.2GHz	收发子板
RFX400	400～500MHz	RFX 收发系列子板
RFX900	750～1050MHz	RFX 收发系列子板
RFX1200	1150～1450MHz	RFX 收发系列子板
RFX1800	1.5～2.1GHz	RFX 收发系列子板
RFX2400	2.3～2.9MHz	RFX 收发系列子板

由表 3-2 可知，RFX 系列子板是一个完整的 RF 收发系统，也是用户比较常用的子板类型。它们拥有独立的用于发送和接收的本地振荡器，这就可以支持分频操作。它的一些其他特性如下：30MHz 的收发带宽；全同步设计，支持 MIMO；70dB 的 AGC 范围；支持全双工等。表 3-3 列出了 RFX 子板的各型号和参数说明。

表 3-3　RFX 子板型号和参数

型号	频率范围	发射功率	特点
WBX0510	50MHz～1GHz	100mW(20dBm)	频率范围覆盖很多典型波段,如手机、广播电视、公共安全、陆地移动通信、无线传感器网络及五个业余无线电波段
RFX900	750～1050MHz	200mW(23dBm)	RFX900 装配了一个 902～928MHz 的 ISM 波段滤波器用于过滤强的带外信号
RFX1200	1150～1450MHz	200mW(23dBm)	覆盖导航、卫星和业余波段
RFX1800	1.5-2.1GHz	100mW(20dBm)	覆盖 DECT、US-DECT 和 PCS 频段(包括免许可波段)
RFX2400	2.3～2.9GHz	50mW(17dBm)	装配一个(2400～2483MHz)波段附近的过滤器
XC VR2450	2.4～2.5GHz 4.9～5.9GHz	100mW(20dBm)	覆盖 2.4GHz ISM 和 4.9～5.9GHz 波段,包括公共安全。ISM 和日本无线波段

USRP2 和 RFX2400 子板系统硬件组成示意图如图 3-19 所示。

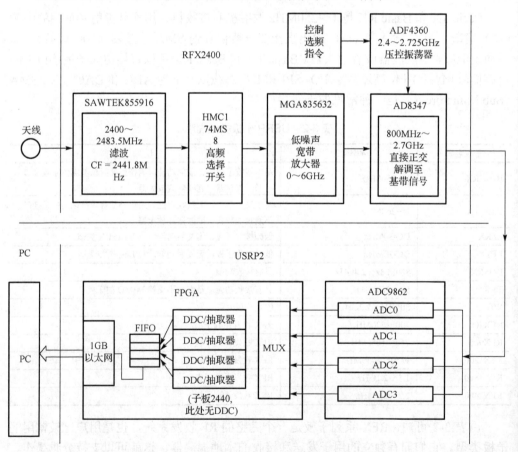

图 3-19　USRP2 和 RFX2400 子板系统硬件组成

通过分析图 3-19,可知 USRP2 和子板 RFX2400 的信号处理流程。无线信号经过天线接收，在子板中经过高频滤波、放大、正交解调至基带信号后传到 USRP 母板。母板经过采样和下采样之后将量化的数字信号存入 FIFO 存储器，然后通过千兆以太网协议将数据传送给计算机端进行处理。

参 考 文 献

[1] GNU Radio [EB/OL]. www. gnu. org/software/gnuradio.

[2] 王奇. 基于 GNU Radio 的软件无线电平台研究[D]. 哈尔滨: 哈尔滨工业大学, 2011.

[3] Blossom E. GNU Radio: Tools for exploring the radio frequency spectrum [J]. Linux Journal, 2004, 2004(122): 76-81.

[4] Gandhiraj R, Soman K P. Modern analog and digital communication systems development using GNU Radio with USRP [J]. Telecommunication Systems, 2014, 56(3): 367-381.

[5] 曹俊杰. 基于 GNU Radio 和 USRP 的认知无线电频谱感知技术研究[D]. 西安: 西安电子科技大学, 2014.

[6] Rashid R A, Sarijari M A, Fisal N, et al. Spectrum sensing measurement using gnu radio and usrp software radio platform[C]. The Seventh International Conference on Wireless and Mobile Communication (ICWMC), 2011: 237-242.

[7] 曹瀚文, 王文博. GNU Radio: 开放的软件无线电平台[J]. 电信快报, 2007, 04: 31-34.

[8] 黄凌. 基于 GNU Radio 和 USRP 的认知无线电平台研究[D]. 广州: 华南理工大学, 2010.

[9] 任熠. GNU Radio+USRP 平台的研究及多种调制方式的实现[D]. 北京: 北京交通大学, 2012.

[10] Blossom E. How to write a signal processing block [EB/OL]. http://www.gnu.org/software/gnuradio/doc/howto-write-a-block.html.

[11] SDR 硬件平台比较[EB/OL]. http://www.taylorkillian.com/2013/08/sdr-showdown-hackrf-vs-bladerf-vs-usrp. html.

[12] 田宁. 基于 USRP 的认知无线电通信终端设计[D]. 西安: 西安电子科技大学, 2013.

[13] 海曼无线. USRP 系列产品白皮书[EB/OL]. http://www.docin.com/p-44680166.html.

[14] Shen D. Tutorial 4: The USRP board[J]. Introduction. SDR Documentation. Notre Dame. IN: University of Notre Dame, 2005.

第 4 章　GNU Radio 的安装

4.1　安　装　需　求

第 3 章介绍了 GNU Radio 的软硬件平台，本章将重点介绍 GNU Radio 的安装过程，一个最小的 GNU Radio 开发环境至少包括一台主机（台式机或笔记本电脑均可），至少一套含 USRP 母板（mother board）的 USRP1-PKG 或者 USRP2-PKG，至少一块子板（daughter board）[1,2]。需要注意的是：①如果搭配 USRP1 使用，USB 接口必须是 USB 2.0；②如果搭配 USRP2 使用，网卡必须是千兆以太网卡。

4.2　Linux 下的安装

GNU Radio 库目前主要支持 Linux 操作系统，并推荐使用 Ubuntu 10.10，GNU Radio 库的安装比较麻烦，需要安装的依赖库较多，完整的安装过程需要一天左右的时间，如果中间过程稍有不当，可能需要重新安装。使用时多台计算机通信需要多次安装 GNU Radio 库，为了方便安装，整理了 GNU Radio 3.4.2 的安装步骤。特别需要注意的是不同的 Ubuntu 系统版本需要选择合适的 GNU Radio 版本才能安装成功。本书推荐的安装组合为 Ubuntu10.10+GNU Radio 3.4.2。

4.2.1　安装 Ubuntu 10.10 操作系统

1. Wubi 安装方法

采用这种方法的优点是安装方便、删除简单；缺点是略不稳定，相当于 Windows 中安装了一个应用程序。具体步骤如下。

（1）用虚拟光驱软件打开 ubuntu-10.10-desktop-i386.iso 文件，双击 wubi.exe 文件。

（2）选择"在 Windows 中安装"按钮，单击后选择安装地址、安装大小、用户名和密码等信息，确定后重启电脑，自动安装。

以后启动操作系统时，在引导界面会显示 Windows 和 Ubuntu 两个选项。选择进入 Ubuntu 即可。若想删除 Ubuntu，可先进入 Windows 系统后进行删除，删除方法与 Windows 系统下删除一般的应用程序类似。

2. 双系统安装方法

这种安装方法的优点是安装后系统比较稳定，缺点是安装、删除比较复杂。具体步骤如下。

（1）Windows 磁盘分区需要分出 30GB 左右的空白分区，利用 U 盘启动制作软件把 U 盘制作成具有启动器功能，选用文件为 ubuntu-10.10-desktop-i386.iso。准备硬盘空间时选择"手动指定分区"选项，选择刚才分出来的分区即可。

（2）在创建新分区时，一般选择创建两个新分区，一个为主分区，分区容量尽量大（即空白分区大小减去逻辑分区大小），一个为逻辑分区（即 swap 交换分区），分区容量为两倍内存容量即可。注意：两个分区的大小之和等于空白分区大小。

（3）如图 4-1 所示，创建主分区时，"新分区的类型"项目选择"主分区"选项；在"新建分区容量"的文本框中输入分区分配的大小，以 MB 为单位；"新分区的位置"项目按默认选"起始"选项；"用于"后面选择新分区使用的文件系统，使用默认"Ext4 日志文件系统"；"挂载点"项目选择"/"。

图 4-1　新分区创建

（4）在"分配磁盘空间"页面，单击"添加"按钮创建逻辑分区。界面与图 4-1 相同，"新分区的类型"项目选择"逻辑分区"选项；"新建分区容量"文本框中输入交换空间分配的大小，以 MB 为单位；"新分区的位置"项目按默认选"起始"选项；"用于"项目在下拉选框中选择"交换空间"选项；交换空间不用选择挂载点，所以挂载点为灰色不可选。

（5）单击确定按钮，在"分配磁盘空间"页面，单击"现在安装"按钮，开始安装系统。

系统安装完成后，还要通过换源操作来保证 Ubuntu 系统具有网络连接功能，根据不同的 Ubuntu 版本需要更换不同的源。具体步骤如下。

（1）首先备份 Ubuntu 10.10 当前的源列表，在终端（快捷键为 Ctrl+Alt+T）输入如下代码。

```
sudo cp /etc/apt/sources.list /etc/apt/sources.list.backup
```

（2）打开、编辑源列表文件，在终端输入如下代码。

```
sudo gedit /etc/apt/sources.list
```

然后，将 Ubuntu10.10_yuan 文件中的列表复制、覆盖到 sources.list 中并保存。Ubuntu10.10_yuan 文件可以用 UltraEdit 或写字板打开。

（3）更新源列表，在终端输入如下代码。

```
sudo apt-get update
```

然后一直等待，直至更新完成。

4.2.2　在 Ubuntu 10.10 系统下安装 GNU Radio

安装 GNU Radio 一般有两种方法：①通过脚本文件自动安装；②自己下载相应的版本文件，自行编译安装。第一种方法属于自动安装，该方法不能让我们了解到安装的具体过程，不利于以后的学习，而且这种方法往往也不容易成功，需要等待很久的时间，受到多种因素的影响。因此，本书不推荐第一种方法，下面将具体介绍第二种安装方法。

（1）使用 apt-get 安装需要的多个依赖库文件，该过程比较慢，安装过程需耐心等待。在终端输入以下代码后回车。

```
sudo apt-get -y install libfontconfig1-dev libxrender-dev libpulse-dev \
swig g++ automake autoconf libtool python-dev libfftw3-dev \
libcppunit-dev libboost-all-dev libusb-dev fort77 sdcc sdcc-libraries \
libsdl1.2-dev python-wxgtk2.8 git guile-1.8-dev \
libqt4-dev python-numpy ccache python-opengl libgsl0-dev \
python-cheetah python-lxml doxygen qt4-dev-tools \
libqwt5-qt4-dev libqwtplot3d-qt4-dev pyqt4-dev-tools python-qwt5-qt4
```

（2）依赖库安装完后，继续执行下列语句，在终端输入如下代码。

```
sudo apt-get -y install libcomedi0
```

如果出错，则根据提示换一个文件进行下载安装，如换为 libcomedi-dev。

（3）安装 USRP 硬件驱动（UHD），安装 GNU Radio 之前建议首先安装 UHD 驱动，否则在接下来的安装过程中会报错。选择一个适合计算机配置、系统版本的 UHD 安装包，deb 模式下载后双击可直接安装。

例如，uhd_003.004.002-release_Ubuntu-10.04-i686.deb。

下载链接为 http://files.ettus.com/binaries/uhd_stable/uhd_003.004.002-release。

（4）下载 GNU Radio 3.4.2 版本，GNU Radio 不同版本的下载链接为 http://gnuradio.org/redmine/projects/gnuradio/files。把 gnuradio3.4.2.tar.gz 解压缩到主文件夹中，此时终端输入 ls 可以显示 gnuradio-3.4.2 文件夹。

（5）进入 gnuradio-3.4.2 目录中，开始进行安装，依次执行如下指令。

```
1. mkdir build      （新建 build 文件夹）
2. cd bulid （进入 build 文件夹）
3. ../configure
4. sudo make
5. sudo make install
6. sudo ldconfig -v
```

注意：在执行 ../configure 步骤后，会出现如下的错误提示信息。

```
The following components were skipped either because you asked not to
build them or they didn't pass configuration checks:
gcell
gr-gcell
gr-comedi（之前若安装成功 libcomedi-dev，此项应不显示）
gr-uhd（之前若安装成功 UHD，此项应不显示）
```

gcell 和 gr-gcell 这两个包是 IBM 的内核才需要的，可以忽略，对安装没影响。

（6）安装完后，在终端输入如下代码。

```
sudo gedit ~/.bashrc      （打开主文件夹中隐藏文件 bashrc）
```

将以下内容添加在 bashrc 内容最后。

```
export PATH=$PATH:/usr/local/bin
export LD_LIBRARY_PATH=$LD_LIBRARY_PATH:/usr/local/lib
export PKG_CONFIG_PATH=$PKG_CONFIG_PATH:/usr/local/lib/pkgconfig
export PYTHONPATH=$PYTHONPATH:/usr/local/lib/python2.6/site-package
```

在终端输入如下代码。

```
source ~/.bashrc
```

（7）至此安装已完成，在终端输入如下代码。

```
sudo gnuradio-companion
```

若 GRC（GNU Radio Companion）窗口可以正常打开则说明安装成功。

提示：以上相关软件可直接从作者共享出来的云盘上进行下载。

4.3　安装后的测试

本节主要针对 USRP2 和 USRP1 进行安装连接后的测试。

完成 GNU Radio 安装后，需要测试 GNU Radio 的各种功能，下面依次进行连接检测、程序测试和图形界面 GRC 测试。测试时若针对 USRP2 需要 PC 配置千兆网卡，并用网线将 PC 与 USRP2 连接。若针对 USRP1 则需要一个 USB 2.0 的数据线将 USRP1 和 PC 连接。

进入/usr/local/bin 目录，这里有一些 GNU Radio 的可执行程序。可以对这些程序进行测试实验。其中有些是需要连接 USRP 才能运行的，有些不需要。

4.3.1　连接检测

1. 针对 USRP2

确认 PC 网卡为千兆网卡后，首先连接 USRP2 的 RFX900 射频子板和天线，然后用网线将 USRP2 和 PC 主机相连，接入电源，这时会有一个红色发光二极管（LED）灯闪亮。过 20s 左右插入 SD 卡到 USRP2 的 SD 卡槽，此时 CPLD 旁三个 LED 都会点亮，指示程序加载完成，FPGA 旁会有一个 LED 点亮，确认程序正确运行。在 PC 上打开终端输入 sudo usrp2_probe，出现如图 4-2 所示的界面。

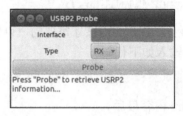

图 4-2　连接检测 usrp2_probe

在图 4-2 中的 Interface 输入框中输入网口号（一般是 eth0），单击 Probe 按钮。Probe 程序会自动检测 USRP2，并打印状态信息，如出现图 4-3 所示的界面，表示 USRP2 连接正确。

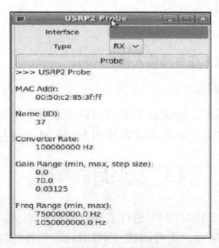

图 4-3　USRP2 连接信息

图 4-3 显示出了 USRP2 板网口的 MAC 地址、ID 号、数据转换速率、增益范围和增益步长、射频频率范围等信息，显示状态表示 USRP2 板和射频板正常连接。

另外，用 find_usrps 命令也能够打印输出连接至某个网口的 USRP2 设备的基本信息。在终端输入 find_usrps，运行结果如图 4-4 所示，在列出的信息中包括 USRP2 设备的 MAC 地址和硬件版本号。

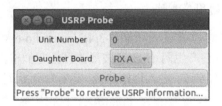

图 4-4　连接检测 find_usrps

2. 针对 USRP1

通过在终端输入 sudo usrp_probe，能够打印 USRP1 的设备信息，包括母板和子板的设备参数。其运行结果如图 4-5 所示。

图 4-5　连接检测 usrp_probe

其中，Daughter Board 用于选择射频子板的位置（RX A、RX B、TX A 和 TX B），单击 Probe 按钮，结果如图 4-6 所示。在窗口中列出了 USRP1 射频子板的型号和名称，AD/DA 的转换速率，是否为正交变换，增益范围，步进和频率范围等信息。

图 4-6　USRP1 的连接信息

另外，在终端输入 sudo usrp_print_db.py，也能够打印输出 USRP1 的子板信息。其运行结果如图 4-7 所示。程序给出了当前 USRP1 使用的射频子板的情况，从图中可以看出在 USRP1 的 A 面连接了 RFX400 的子板，分别对应 Flex 400 Rx MIMO B 和 Flex 400 Tx MIMO B。B 面连接的是 Basic Tx 和 Basic Rx 子板。

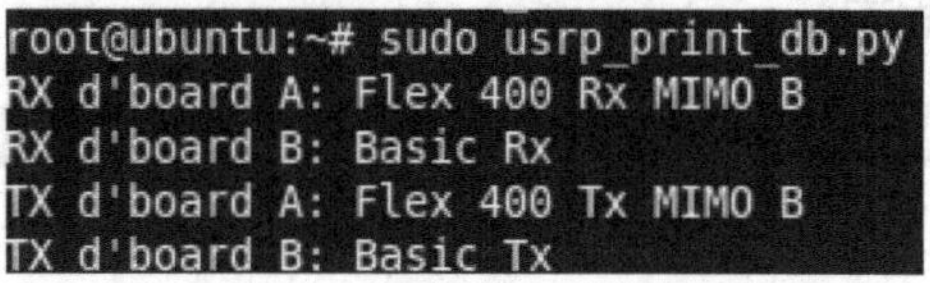

```
root@ubuntu:~# sudo usrp_print_db.py
RX d'board A: Flex 400 Rx MIMO B
RX d'board B: Basic Rx
TX d'board A: Flex 400 Tx MIMO B
TX d'board B: Basic Tx
```

图 4-7　连接检测 usrp_print_db

4.3.2　程序测试

1. 不依赖于 USRP 的程序测试

若没有连接 USRP，可以尝试/gnuradio-3.4.2/gnuradio-examples/python/audio 下面的例子，如 dial_tone.py。它产生两个 sine 波形并且把它们输出到声卡，一个输出到声卡的左声道，一个输出到右声道。进入程序路径，运行如下代码则会听到声卡发出声音。

```
./dial_tone.py
```

按下任意键，程序就可以退出。这个实验可以证明 GNU Radio 的安装没有问题。如果 dial_tone.py 无法运行，除了 GNU Radio 有问题，还有可能是声卡相关的库安装不全。

2. 基于 USRP2 的程序测试

1）测试用例一

测试程序中比较常用的是位于 gnuradio-3.4.2/gnuradio-examples/python/digit-al 目录下的 benchmark_tx.py 和 benchmark_rx.py。本次程序测试使用的是 FLX400 收发子板。打开终端，进入程序路径，输入如下指令并回车。

```
./benchmark_tx.py -f 400M -i 64 -m gmsk-TA-M 10 -r 100k -u USRP1 -v
```

参数说明："-f"设置射频中心频率；"-i"设置插值倍数；"-m"设定调制模式（可选择 cpm、d8psk、qam8、dbpsk、dqpsk、gmsk），默认是 gmsk；"-T"为使用 USRP 的 A 侧或 B 侧子板；"-M"设置需要传输的兆字节数；"-r"设定位速率；"-u"设置 USRP 版本；"-v"选择打印配置信息。程序运行后会自动发送预设的数据包，开始数据的发送，如图 4-8 所示。一种通用的办法是通过运行./benchmar_rx.py -h 可以查看需要配置的各种参数说明，而且也不是每一项参数都必须设置，很多参数已经给出了默认值。

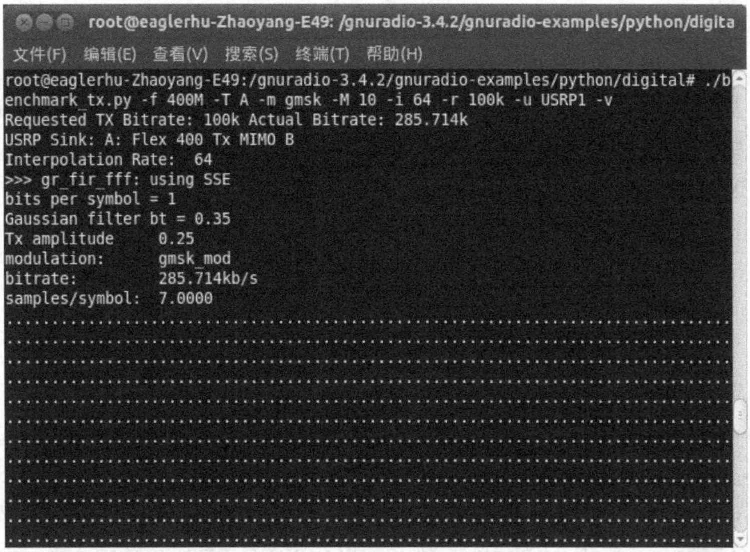

图 4-8　benchmark_tx 发送状态

接着运行接收程序，打开终端，进入程序路径，输入如下指令并回车。

```
./benchmark_rx.py -f 400M -d 32 -m gmsk-RA-r 100k -u USRP1 -v
```

与发送端不同的参数是"-d"和"-R"，-d 是因为发送端进行了插值，接收端抽取降采样。"-R"表示接收端的子板在 USRP 的 A 侧。收到数据后打印数据包信息，如图 4-9 所示。

图 4-9　benchmark_rx 接收状态

如图 4-9 所示，ok=False 表示接收到数据包，数据校验错误，接收数据的误码率与信道情况和硬件设备有关，如果收不到数据包或数据包错误太多，应先查看发送和接收运行参数配置是否一致，然后再检查硬件设备。运行 GNU Radio 程序时，在屏幕上会出现一些代表不同错误信息的字符，这些字符或字符组合分别代表的含义如下。

"u"：USRP。

"a"：audio（声卡）。

"O"：overrun（PC 太慢无法同步地接收来自 USRP 或声卡的数据）。

"U"：underrun（PC 无法快速地提供数据)。

"aUaU"：audio underrun（PC 无法快速地给声卡提供数据）。

"uUuU"：USRP underrun（PC 无法快速地给 USRP2 提供数据）。

"uOuO"：USRP overrun（PC 太慢无法同步地接收来自 USRP2 的数据）。

benchmark_tx 和 benchmark_rx 目前只实现了两台计算机加两台 USRP 设备的发送和接收，并且发送 USRP 设备和接收设备需保持 3m 左右的距离。另外，在接收时，抽取率-d DECIM，每符号的样值数-S SAMPLES_PER_SYMBOL，比特速率-r BITRATE，FPGA 的时钟频率为 MASTER_CLOCK_RATE 和调制方式这五者之间要满足一定的关系。假设对应调制方式每个符号对应的比特数为 BITS_PER_SYMBOL，那么必须满足

```
BITRATE = (MASTER_CLOCK_RATE/DECIM/SAMPLES_PER_SYMBOL)
*BITS_PER_SYMBOL
```

而 pick_bitrate.py 就是为了计算满足关系式的比特速率，如果给出的参数不满足这一关系式，pick_bitrate.py 会自动地调整以最接近所配置的 BITRATE 值。

2）测试用例二

在终端输入如下代码，并执行。

```
./usrp_fft.py -f 2500M -R A
```

其中 "-R" 表示用 USRP2 母板上的哪一侧子板接收，默认是 A 侧；"-f" 用于设置 USRP2 工作的中心频率。执行后会弹出如图 4-10 所示的界面。

usrp_fft.py 是一个基于 GNU Radio 的 Python 程序，能够将 USRP2 接收到的信号进行 FFT 运算后以图形界面的形式显示。

如果在 2.5GHz 上没有信号，就会如图 4-10 所示显示出一个平坦的白噪声谱。如果所测试的地方有 WiFi 信号，选择有 WiFi 信号的频段，就会看到 WiFi 的频谱。WiFi 的频谱是突发的，如果没有数据传输，只能看到周期性的 beacon 信号[3]。

usrp_fft.py 的成功运行，可以证明 GNU Radio 的安装没有问题，USRP2 的母板和子板的接收功能工作正常。

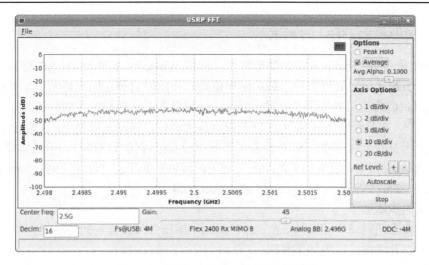

图 4-10　运行 usrp_fft.py 显示的频谱图

3. 基于 USRP1 的程序测试

可以用 usrp_fft.py 进行接收信号测试。通过观测 FFT 频谱可以证明 USRP1 的接收、GNU Radio 的安装没有问题。

另外，还有一种方法可以用来检测 USRP1 的母板和主机的 USB 通信速率是否正常。在 gnuradio-3.4.2/gnuradio-examples/python/usrp 目录下，运行 usrp_benchmark_usb.py，如果最终结果都是 OK，如图 4-11 所示，则说明母板与主机的连接正常；如果出现 failed，则说明母板的 USB 接口出现故障。

```
root@ubuntu:/gnuradio-3.4.2/gnuradio-examples/python/usrp# ./usrp_benchmark_usb.
py
Testing 2MB/sec... usb_throughput = 2M
ntotal    = 1000000
nright    = 998175
runlength = 998175
delta     = 1825
OK
Testing 4MB/sec... usb_throughput = 4M
ntotal    = 2000000
nright    = 1999702
runlength = 1999702
delta     = 298
OK
Testing 8MB/sec... usb_throughput = 8M
ntotal    = 4000000
nright    = 3999490
runlength = 3999490
delta     = 510
OK
Testing 16MB/sec... usb_throughput = 16M
ntotal    = 8000000
nright    = 7998059
runlength = 7998059
delta     = 1941
OK
Testing 32MB/sec... usb_throughput = 32M
ntotal    = 16000000
nright    = 15997898
runlength = 15997898
delta     = 2102
OK
Max USB/USRP throughput = 32MB/sec
```

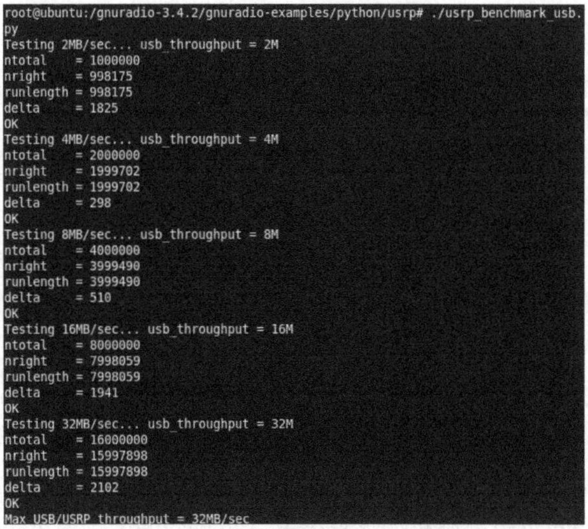

图 4-11　USRP1 的 USB 连接测试

4.3.3　图形界面 GRC 的测试

GRC 是 GNU Radio 提供的图形界面，就像 Windows 下的 MATLAB 仿真软件一样，把许多数字信号处理模块封装成图形模块，使用时只要在图形界面中配置相关参数即可。GRC 为使用者提供了方便，可以让使用者在不了解模块内部构造的情况下使用该模块[4]。本节查看 AM 信号的 FFT 频谱作为测试，该测试需要用到 USRP 接收到的 AM 信号文件。如果有 USRP 设备可以利用设备进行信号的接收，但是需要 USRP 子板的频率支持 AM 信号频率。AM 信号文件可以在如下的网址中下载：http://www.csun.edu/～skatz/katzpage/sdr_project/sdrproject.html。

测试的步骤如下。

（1）在上述网站下载文件 am_usrp710.dat，解压并放在需要的路径中。

（2）打开终端，输入如下代码。

```
gnuradio-companion
```

执行命令后，即可打开 GRC，并连接信号模块，如图 4-12 所示。数据率（sample rate）设置为 256K，这是因为保存的文件的数据也是以 256K 的数据率保存的。File Source 模块中选择已经下载好的文件。选择模块端口数据输出类型为 complex。

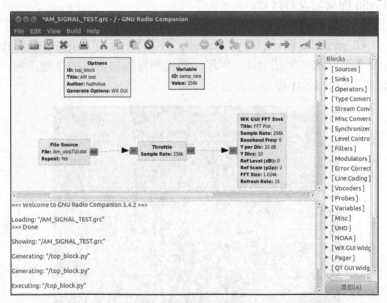

图 4-12　AM 信号的 GRC 设计图

（3）保存并执行上述流图，可以观测到该信号的 FFT 频谱，如图 4-13 所示。单击右下角的 Autoscale 按钮可以将波形调整到合适的位置，选中 Average 复选框，观测频谱并注意以下几点。

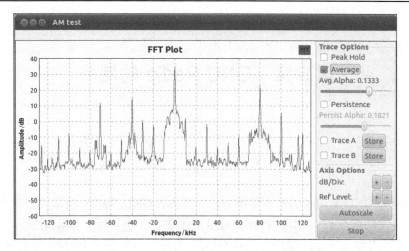

图 4-13　有载波的 AM 信号 FFT 频谱

　　因为该信号记录的频点为 710kHz，所以信号的中心频率实际为 710kHz，也就是说图中的 80kHz 的位置实际上是 710kHz+80kHz=790kHz。

　　信号频率展宽范围是 –120～120kHz。也就是实际的展宽为 256kHz，这与所设置的采样率一致。

　　从图 4-13 中可以看到右边窗口中有各种 block 可供选择，双击一个 block，就会以框图的形式放到左边的窗口中。另外值得注意的是：GRC 只有一些非常简单的 block，功能也比较弱。因此，不建议使用 GRC 来开发自己的应用程序。

参 考 文 献

[1]　Shen D. Tutorial 1: GNU Radio Installation Guide–Step by Step[EB/OL]. http: //www.snowymtn. ca/GNURadio/GNURAdioDoc-1.pdf.

[2]　Gnuradio. Building GNU Radio on Ubuntu Linux[Z]. 2006.

[3]　海曼无线. GNU Radio 入门[EB/OL]. http://download.csdn.net/detail/u012761458/7893813.

[4]　王奇. 基于 GNU Radio 的软件无线电平台研究[D]. 哈尔滨: 哈尔滨工业大学, 2011.

第 5 章　GNU Radio 的使用

5.1　引　　言

本章介绍 GNU Radio 的基本使用方法。首先，GNU Radio 随系统附带大量开箱即用的工具及功能软件。GNU Radio 可以用于仿真，也可用于实际系统开发。GNU Radio 提供了图形化信号处理开发工具 GRC。另外，可以使用 Python 语言开发 GNU Radio 应用程序。如需深度开发，还可以使用 C++语言开发 GNU Radio 信号处理模块。

5.2　使用系统附带工具及功能软件

GNU Radio 随系统附带大量开箱即用的工具及功能软件。如果系统安装源自于源代码，可在 gr-utils/src/python 和 gr-uhd/apps 目录下发现源代码文件。如果使用 Linux 环境，安装时使用源代码（如使用 build-gnuradio 脚本），这些功能软件安装在 usr/local/bin 下[1]。

下面是一些最常用的工具。

（1）uhd_fft：用来在给定频点显示频谱的简易频谱分析仪工具，它使用了连接的 UHD 设备（即一台 USRP）。可用作瀑布图（waterfall plot）或者示波器（oscilloscope）。

（2）uhd_rx_cfile：使用连接的 UHD 设备来记录 I/Q 样本数据流。采样的数据写入文件之中，并可为以后使用 GNU Radio 或者其他工具如 Octave 或 MATLAB 进行离线分析。

（3）uhd_rx_nogui：可在音频设备上接收和收听输入的信号。该工具可解调 AM 和 FM 信号。

（4）uhd_siggen{_gui}.py：简易的信号发生器，用它可产生大多数常规信号（如正弦波、扫波、方波、噪声等）。

（5）gr_plot*：这是一套可用来显示预先记录的样本的套件工具。用它可以显示这些信号的频谱、功率谱密度（PSD）和时域表示。

使用 Linux，可以在命令行下使用这些工具。所有的工具都包含"-h"选项开关（switch）用来显示帮助信息。就 uhd_fft.py 而言，其表现形式如下。

```
$ uhd_fft --help
linux; GNU C++ version 4.5.2; Boost_104200; UHD_003.003.000-d5d448e
```

```
Usage: uhd_fft.py [options]
Options:
-h, --help  show this help message and exit(显示帮助并退出系统)
-a ADDRESS, --address=ADDRESS (地址)
Address of UHD device, [default=addr=192.168.10.2](UHD 设备地址,
[default=addr=192.168.10.2])
-A ANTENNA, --antenna=ANTENNA (天线)
select Rx Antenna where appropriate(选择合适的 Rx 天线)
 -s SAMP_RATE, --samp-rate=SAMP_RATE
set sample rate (bandwidth) [default=1000000.0](设置采样速率 (带宽)
[default=1000000.0])
 -f FREQ, --freq=FREQ  set frequency to FREQ (设置频率 - FREQ)
 -g GAIN, --gain=GAIN  set gain in dB (default is midpoint)(设置增益 dB
(默认值为中值))
 -W, --waterfall  Enable waterfall display (使能瀑布图显示方式)
 -S, --oscilloscope  Enable oscilloscope display (使能传统示波器显示方
式)
 --avg-alpha=AVG_ALPHA
 Set fftsink averaging factor, default=[0.1](设置 FFT 信宿均值系数, 默认
值=[0.1])
 --ref-scale=REF_SCALE
 Set dBFS=0dB input value, default=[1.0](设置 dBFS=0dB 输入值, 默认=[1.0])
    --fft-size=FFT_SIZE
Set number of FFT bins [default=1024](设置 FFT 引脚数目 [默认=1024])
```

下面是使用如下命令基于 USRP1 和 DBSRx 子板的配合对 GSM 下行信号的频谱
分析图，如图 5-1 所示。

```
$ uhd_fft.py -a type=usrp1 -f 935M -s 2M
```

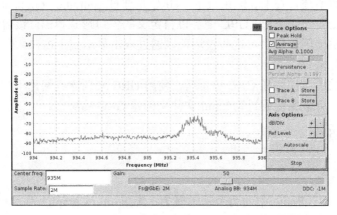

图 5-1　uhd_fft.py 使用示例

装好之后可以做的第一件事如下。

进入 usr/local/bin 目录，这里有一些 GNU Radio 的可执行程序，可以逐个实验一下。其中有些是需要连接 USRP 才能运行的，有些不需要。

如果有 900MHz 频段的子板，用 usrp_fft.py 来观察一下 GSM 信号的频谱，就会看到非常明显的 200kHz 宽度的 GSM 信号。

5.3　使用 GNU Radio 仿真

GNU Radio 的主要目的不是仿真，但这往往是开发信号处理代码的一个重要步骤。有时使用 GNU Radio 作为仿真工具是有利的，因为实际上 GNU Radio 的仿真代码和实际无线传输的应用代码总是相同的。

不使用 GNU Radio 作为仿真工具的时候，从未有一个理由能够把 GNU Radio 完全排除在仿真工具之外。但是，也有其他的工具可能会更好地适合该任务的情况，特别是当开发时间是问题时。如果不打算让代码真正在空中无线传输中实现，而只要仿真结果，例如，创建研究论文的图表。这时候，其他的工具（如 MATLAB）可能会更合适。

5.4　使用图形化信号处理开发工具 GRC

5.4.1　GRC 简介

GRC（GNU Radio Companion）是类似于 Simulink 的用于设计信号处理流图的图形化工具。如果对 FIR 滤波器、数字调制器及其他 DSP 概念比较熟悉，使用 GRC 便会觉得简单而且直接。

正如第 4 章所述，在 Linux 系统下，GRC 是通过 gnuradio-companion 命令来激活的。如果安装过程一切正常，GRC 便会以自定义的窗口形式弹出。该窗口的右侧栏将会展示所有可供使用的模块。这些模块可以通过双击显示到主窗口，然后通过单击边界将它们连接起来。

如果需要的所有模块在 GRC 中都有，使用 GRC 来创建流图是不错的选择。如果自己编写模块，可能需要通过写*.xml 文件来创建 GRC 的绑定。

5.4.2　核心概念

1. 流图

首先介绍 GNU Radio 中的两个基本概念：流图（flow graph）和模块（block）。类似图论中的概念，流图是数据所流经的图，这种图中节点称为模块。数据在连接节点的边中流动。GNU Radio 的信号处理是通过流图来完成的，许多 GNU Radio 应用程序仅包含流图，实际的信号处理都是在模块内完成的。一个模块通常仅进行一种信号处理操作，如滤波、信号叠加、信号变换、解码等。这样可使 GNU Radio 保持组件化和灵活性。模块通常是由 C++语言编写的，也可以用 Python 语言编写[2]。

为了阐明这些概念，下面从一个示例开始，这些例子由 GNU Radio 的图形用户界面 GRC 所创建，如图 5-2 所示。

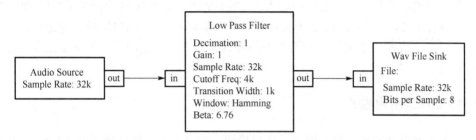

图 5-2　通过 GRC 写入音频数据到文件的例子

在这个例子的流图中有三个模块（例图中较大的矩形）。数据从左到右流动，数据产生于音频信源模块（Audio Source），经过低通滤波器模块（Low Pass Filter），然后在声音信宿模块（Wav File Sink）中写成硬盘上的文件。这里实际完成了下述事情：音频信源模块连接到声卡驱动程序，并输出声音采样样本。这些信号样本连接到低通滤波器进一步处理；然后，信号样本传递给最后的模块，写入一个 WAV 文件。

模块间通过端口（port）连接。第一个模块产生采样数据，没有输入端口。这种只有输出端口的模块，称为"信源"（source）。而最后一个模块没有输出端口，只有输入端口，称为"信宿"（sink）。每个流图都至少有一个"信源"和一个"信宿"。

当谈论"信源"和"信宿"时，是从流图的角度来看的。而从用户的角度来看，音频信源模块（从声卡获得采样数据）仅是整个获取声音信号过程中所需处理过程的一部分。

2. 项目(item)

一个模块的输出称为一个项目（item）。一个项目是可以数字化表示的任何东西，如一个样本、一组比特数据、一组滤波器系数等。在前面的例子中，一个项目是音频驱动程序产生的采样样本的浮点（float）值。一个项目可以是任何数字类型，包括实数类型（如前例）、复数类型（软件定义无线电中最常见的类型）、整数类型，以及这些标量类型的向量类型。

为理解项目数据类型的多样性和转化，考虑进行 FFT 分析。假如在保存文件前先要对信号执行 FFT 处理，这时，需要一定数量的样本来计算 FFT；与滤波器不同，它不是基于单个样本点来处理的。

图 5-3 是它的工作流图。

图 5-3　加入了 FFT 的 GRC 流图

在这里有一个"流转成矢量"（Stream to Vector）的模块。它的特别之处在于，其输入类型与输出类型不同。该模块输入为 1024 个样本（即 1024 个项目），并将其输出为一个包含 1024 个样本的向量（该向量是一个项目）。FFT 的复数输出随之转换成其幅度的平方，成为一个实数值数据类型的项目（注意这里使用了不同灰度来表示端口的不同数据类型)。

5.4.3　GRC 使用要点

使用者要做的事情：设计流图、选择模块、定义连接，然后告诉 GNU Radio 你所做的一切。GRC 在这里提供了两个功能：①它提供给使用者大量可利用的模块；②一旦流图定义好之后，它就一个接一个地调用模块来执行流图，并且确保项目通过一个模块传递到另一个模块。

1. 采样率

下面介绍采样率和流图之间的关系。在图 5-2 的例子中，音频信源有固定的采样频率值，为 32KS/s。因为滤波器是不会改变采样频率的，所以整个流图使用的都是同样的采样频率。在第二个例子中，第二个模块（流转成矢量模块）对输入的 1024 个项目输出一个项目。这样，它输出的项目量就比输入量小了 1024 倍。当然，就生成字节的速率而论，仍然是相同的。这样一个模块称为抽取器（decimator），因为它减小了项目的速率。当一个模块输出比输入更多项目时称为插补器（interpolator）。如果输入、输出速率一样，就是同步（sync）模块。再回到图 5-3 的例子，正如前面提到的，它在整个流图中有着不同的采样频率。值得注意的是，这里输入和输出速率比非常重要，而不需要基准采样频率，这是因为，计算机可以非常快地处理采样数据，而采样速率是由采样硬件所确定的。只要没有固定频率的硬件时钟，基本的采样率就是没有意义的——只有相对频率（也就是说，输入和输出频率之比很重要。PC 可以尽可能快地处理采样值，但这会导致 PC 主机 100%的 CPU 被处理信号所占用）。

这里有另外一个例子，如图 5-4 所示。这里的新情况是信宿有两个输入。每个端口都接向声卡的一个声道（左声道和右声道），它运行在一个固定的采样率。

2. 更多关于模块和原子性（atomicity）

现在回到模块。GNU Radio 中最大的部分就是所提供的大量模块。当开始使用

GNU Radio 时，需要一个模块接着一个地连接起来。当需要一个 GNU Radio 未提供的
模块时，就要自己编写了。要考虑的问题是，在一个模块中需要包含多少内容呢？理
想情况下，模块是最小的单元，每个模块都只做一项工作。有时这是行不通的，一些
模块要做很多工作，这就要考虑性能与组件化的平衡。

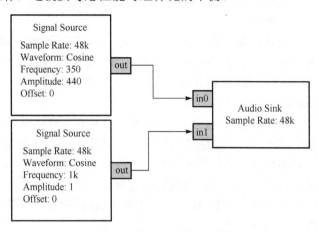

图 5-4　具有固定采样率的例子

3．仿真软件用户要注意的问题

对于使用过 Simulink 仿真软件的用户要注意分辨 Simulink 中基于帧（frame-based）
和基于采样（sample-based）的处理以及 GNU Radio 基于项目（item-based）的处理。
在 Simulink 仿真软件中流图可以配置成依照基于帧或基于采样来运行。在基于采样的
模型中，采样值是逐个从一个模块传递到另一个模块的，因此，对信号处理流的控制
是最大化的。但这带来了仿真性能上的损失，所以 Simulink 仿真软件引入了基于帧的
处理。GNU Radio 与 Simulink 的处理方式不同，在 GNU Radio 中，只有基于项目的
处理方式。通常一个项目就是一个采样值（sample），当然它也可以是一个矢量（vector）。
一个项目的大小是一个在输入端口获得数据的逻辑上的描述。尽管 GNU Radio 是基于
项目来处理的，却没有性能上的损失，因为它同时处理尽可能多的项目。在某种意义
上来说，它既是基于采样的，又是基于帧的。GNU Radio 这种处理方式的缺点是，引
入递归流图（recursive flow graph）比较困难。

4．元数据（metadata）

样本数据流可附带可解析的元数据，如接收时刻、中心频率、采样率，以及特定
协议相关的信息（如节点标志）。在 GNU Radio 中，对样本数据流添加元数据是通过
流标签（stream tag）的机制实现的。流标签是连接到特定项目（如样本）的对象。它
可以是任何形式的标量值、一个向量、一个列表、一个词典，或者任何用户的指定值。
当把样本流存储到硬盘中时，其附带的元数据也可以被保存。

5. 流和消息: 传递协议数据单元包

目前讨论的模块提供的操作为"无限长的流（infinite stream）"模块，即只要项目被送入其输入端，模块就会一直工作。低通滤波器就是一个很好的例子：每一个新输入的项目解释为一个新的样本，它的输出是输入经过低通滤波后的版本。它不关心信号的内容是噪声、数据或其他。

当处理数据包（或协议数据单元（PDU））时，这样的行为是不够的。必须有一种方法来识别 PDU 的边界，即告诉它哪一字节是第一个数据包的起始，并且要知道数据包的长度。GNU Radio 对此功能有两种支持方式：消息传递（message passing）和标记流模块（tagged stream block）。

第一种方式是一种异步方法，直接把 PDU 从一个模块传递到另一个模块。在 MAC 层，这可能是首选的方案。一个模块可以接收一个 PDU，添加一个数据包头，然后把整个数据包（包括新的数据包头）传递到另一个模块。

标记流模块是平常的数据流模块通过使用流标记来识别 PDU 边界。在搭建系统时，可以混合使用识别 PDU 的模块和不需要识别 PDU 的模块。也可让模块切换使用消息传递和标记流模块两种方式。

5.4.4　GRC 使用举例

下面介绍如何使用 GRC 来创建一个仿真环境。下面的流图是信道编码工具箱（channel coding toolbox）中的一部分，这里用来演示所包含的 RMG（Reed-Muller-Golay）码的能力，如图 5-5 所示。

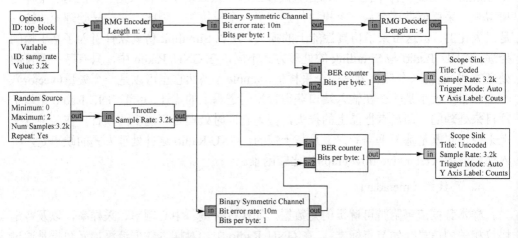

图 5-5　带 RMG 编码器的流图

观察到流图中使用了节流模块（throttle block），它是随机信源后的第一个模块。该模块只允许一定量的比特数据经过它。这不是一个准确速率，但是离开这个模块的平均比特率将是所指定的采样速率。如果没有节流模块，PC 主机的 CPU 将全速执行流图并且耗尽计算机的处理能力。

这个流图使用图形化的信宿来实时地显示误码率（BER）结果，如图 5-6 所示。正如所看到的，系统的误码率在编码路径上比非编码路径上有显著的降低，这正是所期望的结果。

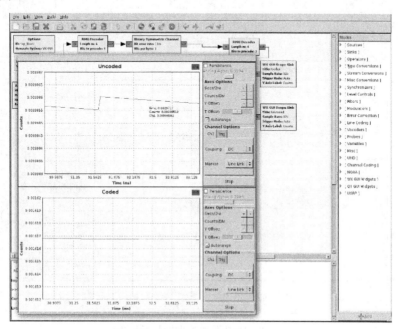

图 5-6　信宿显示 BER 的结果

另一个例子是 BER 仿真，如图 5-7 所示。

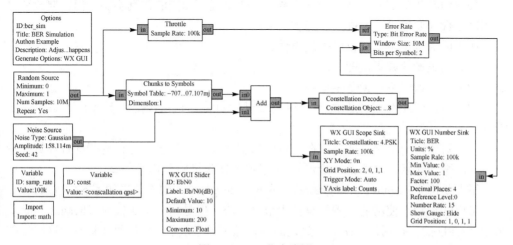

图 5-7　BER 仿真流图

　　如图 5-7 所示，流图采用了 Throttle 节流模块来限制 CPU 的使用率。该流图增加了一个加性高斯白噪声模块（Noise Source）。在图 5-8 中，可以看到通过移动 Eb/N0 滑块可以增加或减少误比特率。

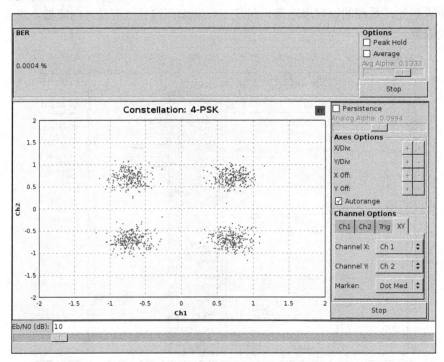

图 5-8　BER 仿真流图的显示结果

　　使用矢量信源和矢量信宿的情况如下。

　　矢量信源和信宿非常适合用在需要多次重复运行相同的仿真实验，但需要改变少量测试参数（如信噪比 SNR）的情形。

　　在上面的例子中，可以做下述事情。

　　（1）用矢量信源更换随机源。

　　（2）用矢量信宿更换范围信宿。

　　（3）写出一个重启流图的循环得到二进制对称信道（BSC）上几个不同的误比特率。

　　（4）对于每一个循环迭代，在矢量源放置大量比特信息，运行流图并且计算矢量信宿中的平均元素。这将是在给定 BER 信道上接收机的平均误码率。

　　下面是例子：source:gr-digital/examples/berawgn.py，创建结果如图 5-9 所示。

　　可以注意到，使用的流图没有使用节流模块，但是用一个头模块（header block）来限制 CPU 的执行周期。在一定数量的项目通过该模块后，模块终止运行。这样流图不会无限期地运行下去。

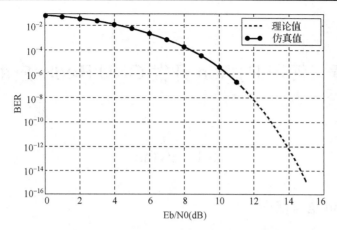

图 5-9　BER 相对 Eb/N0 的理论和仿真曲线

参 考 文 献

[1]　GNU Radio [EB/OL]. www.gnu.org/software/gnuradio.

[2]　Miller F P, Vandome A F, Mcbrewster J. GNU Radio[M]. Saarbrücken: Alphascript Publishing, 2012.

第 6 章 使用 Python 开发 GNU Radio 应用程序

6.1 Python

6.1.1 Python 语言简介

Python[1]是一种面向对象、解释型计算机程序设计语言，由 Guido van Rossum 于 1989 年年底发明，第一个公开发行版发行于 1991 年。Python 语法简洁而清晰，具有丰富和强大的类库。它常被昵称为胶水语言，它能够很轻松地把其他语言制作的各种模块（尤其是 C/C++）轻松地连接在一起。常见的一种应用情形是，使用 Python 快速生成程序的原型（有时甚至是程序的最终界面），然后对其中有特别要求的部分，用更合适的语言改写，如 3D 游戏中的图形渲染模块，性能要求特别高，就可以用 C++重写。Python 注重的是如何解决问题而不是编程语言的语法和结构。Python 语言具有以下几个优点。

（1）简单：Python 是一种代表简单主义思想的语言，阅读一个良好的 Python 程序就感觉像是在读英语文章一样，尽管这个英语的要求非常严格。Python 的这种伪代码本质是它最大的优点之一，它使编程者能够专注于解决问题而不是去搞明白语言本身。

（2）免费、开源：用户可以自由地发布这个软件的副本，阅读它的源代码，对它进行改动，把它的一部分用于新的自由软件中。

（3）可移植性：由于它的开源本质，Python 已经被移植到许多平台上（经过改动使它能够工作在不同平台上）。如果小心地避免使用依赖于系统的特性，那么 Python 程序不需要修改就可以在所有主流平台上运行。

（4）面向对象：Python 既支持面向过程的编程也支持面向对象的编程。

（5）可扩展性：如果希望一段关键代码运行得更快或者某些算法不公开，则可以把部分程序用 C 或 C++编写，然后在 Python 程序中使用它们。

（6）丰富的库：Python 标准库十分庞大，包括正则表达式、文档生成、单元测试、线程、数据库、网页浏览器、CGI、FTP、电子邮件、XML、XML-RPC、HTML、WAV 文件、密码系统、图形用户界面（GUI）、Thinter 模块和其他与系统有关的操作。除了标准库以外，还有许多其他库，如 wxPython、Twisted 和 Python 图像库等。

（7）规范的代码：Python 采用强制缩进的方式使得代码具有极佳的可读性。

Python 在执行时，首先会将.py 文件中的源代码编译成 Python 的字节码（byte

code），然后再由 Python 虚拟机（Python virtual machine）来执行这些编译好的字节码。这种机制的基本思想和 Java、.NET 是一致的。然而，Python 虚拟机与 Java 或.NET 的虚拟机不同的是，Python 的虚拟机是一种更高级的虚拟机。这里的高级并不是通常意义上的高级，不是说 Python 的虚拟机比 Java 或.NET 的功能更强大，而是说和 Java 或.NET 相比，Python 的虚拟机距离真实机器的距离更远。或者可以这么说，Python 的虚拟机是一种抽象层次更高的虚拟机[2]。

1. 基本语法编辑

Python 的设计目标之一是让代码具备高度的可阅读性。它设计时尽量使用其他语言经常使用的标点符号和英文单词，让代码看起来整洁美观。它不像其他的静态语言如 C、Pascal 那样需要重复书写声明语句，也不像它们的语法那样经常有特殊情况。

2. 缩进

Python 开发者有意让违反了缩进规则的程序不能通过编译，以此来强制程序员养成良好的编程习惯。并且 Python 语言利用缩进表示语句块的开始和退出（off-side 规则），而非使用花括号或者某种关键字。增加缩进表示语句块的开始，而减少缩进则表示语句块的退出。缩进成为语法的一部分。例如，if 语句如下。

```
if age < 21:
    print("你不能买酒。")
    print("不过你能买口香糖。")
    print("这句话处于 if 语句块的外面。")
```

注意，上述例子为 Python 3.0 版本的代码。

根据 PEP（Python Enhancement Proposals）的规定，必须使用 4 个空格来表示每级缩进（在实际编写中可以自定义空格数，但是要满足每级缩进间空格数相等）。使用 Tab 字符和其他数目的空格虽然都可以编译通过，但不符合编码规范。支持 Tab 字符和其他数目的空格仅仅是为了兼容很旧的 Python 程序和某些有问题的编辑程序。

3. 流程控制语句

if 语句：当条件成立时运行语句块，经常与 else、elif（相当于 else if）配合使用。

for 语句：遍历列表、字符串、字典、集合等迭代器，依次处理迭代器中的每个元素。

while 语句：当条件为真时，循环运行语句块。

try 语句：与 except、finally 配合使用，处理在程序运行中出现的异常情况。

class 语句：用于定义类型。

def 语句：用于定义函数和类型的方法。

pass 语句：表示此行为空，不运行任何操作。

assert 语句：用于程序调适阶段时测试运行条件是否满足。

with 语句：Python 2.6 以后定义的语法，在一个场景中运行语句块，如运行语句块前加密，然后在语句块运行退出后解密。

yield 语句：在迭代器函数内使用，用于返回一个元素。自从 Python 2.5 版本以后，这个语句变成一个运算符。

raise 语句：制造一个错误。

import 语句：导入一个模块或包。

from import 语句：从包导入模块或从模块导入某个对象。

import as 语句：将导入的对象赋值给一个变量。

in 语句：判断一个对象是否在一个字符串/列表/元组里。

4. 表达式

Python 的表达式写法与 C/C++类似。只是某些写法有所差别。

主要的算术运算符与 C/C++类似。+、−、*、/、//、**、～、%分别表示加法或者取正、减法或者取负、乘法、除法、整除、乘方、取补、取模。>>、<<表示右移和左移。&、|、^表示二进制的 AND、OR、XOR 运算。>、<、==、!=、<=、>=用于比较两个表达式的值，分别表示大于、小于、等于、不等于、小于等于、大于等于。在这些运算符里面，～、|、^、&、<<、>>必须应用于整数。

Python 使用 and、or、not 表示逻辑运算。

is、is not 用于比较两个变量是否是同一个对象。in、not in 用于判断一个对象是否属于另外一个对象。

Python 支持"列表推导式"（list comprehension），如计算 0～9 的平方和。

```
>>> sum(x * x for x in range(10))
```

输出结果：285。

Python 使用 lambda 表示匿名函数。匿名函数体只能是表达式。

```
>>> add=lambda x, y : x + y
>>> add(3,2)
```

输出结果：5。

Python 使用 y if cond else x 表示条件表达式。意思是当 cond 为真时，表达式的值为 y，否则表达式的值为 x。相当于 C++和 Java 里的 cond?y:x。

Python 区分列表（list）和元组（tuple）两种类型。列表的写法是[1,2,3]，而元组的写法是(1,2,3)。可以改变列表中的元素，而不能改变元组。在某些情况下，元组的括号可以省略。元组对于赋值语句有特殊的处理。因此，可以同时赋值给多个变量，如下。

```
>>> x, y=1,2 #同时给 x,y 赋值，最终结果：x=1, y=2
```

特别地，可以使用以下这种形式来交换两个变量的值。

```
>>> x, y=y, x #最终结果: y=1, x=2
```

Python 使用单引号(')和双引号(")来表示字符串。与 Perl、UNIX Shell 语言或者 Ruby、Groovy 等语言不一样，两种符号作用相同。一般地，如果字符串中出现了双引号，就使用单引号来表示字符串；反之则使用双引号，如果都没有出现，就依个人喜好选择。出现在字符串中的反斜杠(\)解释为特殊字符，如\n 表示换行符。表达式前加 r 指示 Python 不解释字符串中出现的 "\"。这种写法通常用于编写正则表达式或者 Windows 文件路径。

Python 支持列表切割（list slices），可以取得完整列表的一部分。支持切割操作的类型有 str、bytes、list、tuple 等。它的语法是...[left:right]或者...[left:right:stride]。假定 nums 变量的值是[1, 3, 5, 7, 8, 13, 20]，那么下面几个语句为真。

nums[2:5] == [5, 7, 8]：从下标为 2 的元素切割到下标为 5 的元素，但不包含下标为 5 的元素。

nums[1:] == [3, 5, 7, 8, 13, 20]：切割到最后一个元素。

nums[-3] == [1, 3, 5, 7]：从最开始的元素一直切割到倒数第 3 个元素。

nums[:] == [1, 3, 5, 7, 8, 13, 20]：返回所有元素。改变新的列表不会影响到 nums。

nums[1:5:2] == [3, 7]：从下标为 1 的元素切割到下标为 5 的元素但不包含下标为 5 的元素，且步长为 2。

5. 函数

Python 的函数支持递归、默认参数值、可变参数，但不支持函数重载。为了增强代码的可读性，可以在函数后书写 "文档字符串"(documentation strings，docstrings)，用于解释函数的作用、参数的类型与意义、返回值类型与取值范围等。可以使用内置函数 help()打印出函数的使用帮助，如下。

```
>>> def randint(a, b):
… "Return random integer in range [a, b], including both end points."…
>>> help(randint)
Help on function randint in module __main__:
randint(a, b)
Return random integer inrange[a, b], including both end points.
```

下面来介绍对象的方法，对象的方法是指绑定到对象的函数。调用对象方法的语法是 instance.method(arguments)。它等价于调用 Class.method(instance, arguments)。当定义对象方法时，必须显式地定义第一个参数，一般该参数名都使用 self，用于访问对象的内部数据。这里的 self 相当于 C++、Java 里面的 this 变量，但是还可以使用任何其他合法的参数名，如 this 和 mine 等，self 与 C++、Java 里面的 this 不完全一样，它可以看成一个习惯性的用法，这里也可以传入任何其他的合法名称。

```
class Fish:
    def eat(self, food):
        if food is not None:
            self.hungry=False
class User:
    def__init__(myself, name):
        myself. name= name
#构造 Fish 的实例:
f=Fish()
#以下两种调用形式是等价的:
Fish.eat(f,"earthworm")
f.eat("earthworm")
u = User('username')
print(u .name)
```

Python 认识一些以"__"开始并以"__"结束的特殊方法名,它们用于实现运算符重载和实现多种特殊功能。

6. 类型

Python 采用动态类型系统。在编译的时候,Python 不会检查对象是否拥有被调用的方法或者属性,而是直至运行时才进行检查。所以,在操作对象时可能会抛出异常。不过,虽然 Python 采用动态类型系统,它同时也是强类型的。Python 禁止没有明确定义的操作,如数字加字符串。

与其他面向对象语言一样,Python 允许程序员定义类型。构造一个对象只需要像函数一样调用类型即可,如对于前面定义的 Fish 类型,使用 Fish()。类型本身也是特殊类型 type 的对象(type 类型本身也是 type 对象),这种特殊的设计允许对类型进行反射编程。

Python 内置丰富的数据类型。与 Java、C++相比,这些数据类型有效地减少代码的长度。除了各种数据类型,Python 语言还用类型来表示函数、模块、类型本身、对象的方法、编译后的 Python 代码、运行时信息等。因此,Python 具备很强的动态性。

7. 数学运算

Python 使用与 C 语言、Java 类似的运算符,支持整数与浮点数的数学运算。同时还支持复数运算与无穷位数(实际受限于计算机的能力)的整数运算。除了求绝对值函数 abs()外,大多数数学函数处于 math 和 cmath 模块内。前者用于实数运算,而后者用于复数运算,使用时需要先导入它们。

```
>>> import math
>>> print(math.sin(math.pi/2))
```

输出结果: 1.0。

fractions 模块用于支持分数运算;decimal 模块用于支持高精度的浮点数运算。

Python 定义求余运算 $a \% b$ 的值处于开区间$[0, b)$内，如果 b 是负数，开区间变为 $(b, 0]$。这是一个很常见的定义方式。不过其实它依赖于整除的定义。为了让方程式 $b * (a \mathbin{/\!/} b) + a \% b = a$ 恒真，整除运算需要向负无穷小方向取值。例如，$7 \mathbin{/\!/} 3$ 的结果是 2，而$(-7) \mathbin{/\!/} 3$ 的结果却是-3。这个算法与其他很多编程语言不一样，需要注意，它们的整除运算会向 0 的方向取值。

Python 允许像数学的常用写法那样连着写两个比较运行符，如 $a < b < c$ 与 $a < b$ and $b < c$ 等价。C++的结果与 Python 不一样，首先它会先计算 $a < b$，根据两者的大小获得 0 或者 1 两个值之一，然后再与 c 进行比较。

6.1.2　GNU Radio 中的 Python

GNU Radio 的应用程序主要是使用 Python 编程语言编写的，而性能要求严格的信号处理模块是由通过浮点库扩展的 C++提供的。因此，开发人员能够在一个简单易用和应用程序开发快速的环境中实现实时、高效的无线电通信系统。

这种程序结构与 OSI 的 7 层结构有一些相似之处。底层向高层提供服务，而高层则不需要关注底层的执行细节，但需要关注必要的接口和函数的调用。从 Python 的角度看，它要做的就是选择合适的信源、信宿和处理模块，设置正确的参数，然后将它们连接起来形成一个完整的应用程序。实际上，所有的信源、信宿和模块都是由 C++编写的类。然而，在 Python 层面是无法看到 C++程序的工作过程的。一段较长的、复杂的而功能强大的 C++代码，在 Python 中只能体现为一行语句。因此，无论应用程序多复杂，Python 代码几乎总是比较短而且很简洁，繁重的任务则交给 C++。用户在 Python 层面上要做的只是规划一个信号流向图，然后用 Python 将它们连接起来。

6.2　编　程　概　念

在着手编程之前，应确保 GNU Radio 已经安装在计算机上，并成功地运行起来。USRP 不是必备的，但一些形式的"源（source）"（如 USRP)和"宿（sink）"(如 audio)对通信系统的实现还是很有帮助的。GNU Radio 的例程一旦运行成功（如 gnuradio-examples/python/audio 目录下的 dial_tone.py），便可以利用 Python 遨游在 GNU Radio 的"星空"了[3]。

下面通过一些实例来阐明这些概念。

6.2.1　低通滤波器音频记录机

```
+-----+   +-----+   +----------------+
| Mic +--+ LPF +--+ Record to file |
+-----+   +-----+   +----------------+
```

首先，来自于麦克风（Mic）的音频信号通过 PC 的声卡被录制并且被转换为数字信号。这些采样的数据"流"向下一个功能块——低通滤波器（Low Pass Filter，LPF），它可以用 FIR 滤波器来构建。经过滤波的信号被传入最后一个功能块，Record to file 功能块的功能是将被滤波的音频信号录制到一个文件之中。

这是一个简单但完整的流程图。第一个和最后一个功能块充当着特殊的功能：其功用是作为"源"和"宿"。每个流程图都必须至少一个"源"和"宿"才能够完整地工作。

6.2.2　拨号音发生器

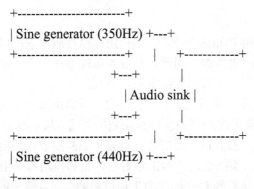

这个简单的例程常常被称为 GNU Radio 的"Hello World"。和上一个例程不同的是，它有两个"源"，即"宿"有两个输入——在这里充当着声卡的左声道和右声道。在 gnuradio-examples/python/audio/dial_tone.py 目录下可以找到此例程的代码。

6.2.3　QPSK 解调器

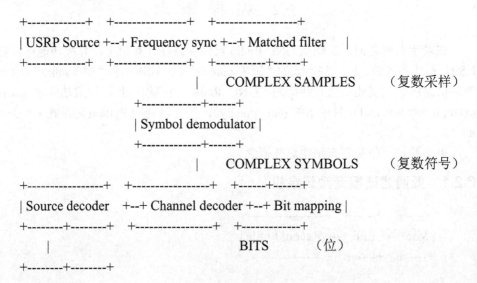

```
| Application   |              DATA         （数据）
+-----------------+
```

USRP 在此充当着"源"的角色，它和天线相连接。这就是那种向下一个功能块"流"传复合采样（数据类型）的"源"。此流程图展示了一个这样的现象：数据类型在流程图中间发生了转换。首先，复数形式的基带采样——complex samples 向下传递着；然后，通过此基带采样信号流解调出复数符号——complex symbols；随后，这些符号转换成"位"——bits 继续行程；最后，被解码处理过的位被传递到应用程序中加以利用。

6.3　第一个 Python 代码例程

下一步是介绍如何用 Python 来实现流图。下面逐行分析代码。如下代码是用来实现例子中的流图的。可以在 gnuradio-examples/python/audio/dial_tone.py 目录下找到相应的代码，与之相比，这里是一个略加修改过的版本。

```
1 #!/usr/bin/env python
2 from gnuradio import gr
3 from gnuradio import audio
4 class my_top_block(gr.top_block):
5 def +init+(self):
6 gr.top_block.+init+(self)
7 sample_rate = 32000
8 ampl = 0.1
9 src0 = gr.sig_source_f (sample_rate, gr.GR_SIN_WAVE, 350, ampl)
10 src1 = gr.sig_source_f (sample_rate, gr.GR_SIN_WAVE, 440, ampl)
11 dst = audio.sink (sample_rate, "")
12 self.connect (src0, (dst, 0))
13 self.connect (src1, (dst, 1))
14 if +name+ == '+main+':
15 try:
16 my_top_block().run()
17 except KeyboardInterrupt:
18 pass
```

对于具有 UNIX 或 Linux 经验的人而言，第 1 行看起来应该不会陌生。它用来告知 shell 该文件是一个 Python 文件，应使用 Python 解释器运行它。如果想直接从命令行来运行该文件，此行便是必需的。

第 3 行和第 4 行通过导入（import）命令来导入 Python 所需的模块来运行 GNU Radio。导入命令和 C/C++语言中的#include 相似。这里，从 gnuradio 包（package）中导入了两个模块：gr 和 audio。第一个模块 gr 是 GNU Radio 的基本模块，它是运行 GNU Radio 应用时总要导入的。第二个导入的是音频设备模块。GNU Radio 有内置的模块，以后将会给出一个简单的模块的列表。

第 6～17 行定义了一个名字为 my_top_block 的类，它是从另外一个名字为 gr.top_block 的类继承下来的。该类对流图而言基本上是个容器（container）。通过对类 gr.top_block 的继承，可得到所需的添加和连接模块的钩子（hooks）和函数（functions）等。

在这个类中仅定义了一个成员函数，即该类的构造函数：+init+()。在该成员函数的第一行（程序的第 8 行）便调用了父类的构造函数，这在 Python 中是需要显式调用的。在 Python 中，大多数事情都需要显式地来做，这也是 Python 的一个原则。另外，定义了两个参数变量：sample_rate 和 ampl。它们分别用来控制信号发生器的采样速率和信号幅度。

在解释下一行之前，再回顾一下前面的流图：它包含三个模块和两个边。这些模块在程序的第 9～10 行定义：它生成了两个信号源（分别命名为 src0 和 src1）。这些信号源以给定的频率（350Hz 和 440Hz）和采样率（32kHz）持续性地产生正弦波信号。其幅度是由变量 ampl 来控制的，并设置为 0.1。模块 gr.sig_source_f 的后缀"f"表示其输出的是浮点型（float）数据，这样一来情况便变得十分理想，因为音频信宿接收在 [−1, 1] 变化的浮点类型的采样信号。尽管 GNU Radio 连接模块时会进行一些相应的检查，但是这些事情主要还是由程序员来手动掌握的。例如，如果想把整型的采样信号输入音频信宿模块（audio.sink）中，GNU Radio 便会抛出一个错误（error）；在本例中如果把幅度设置为振幅大于 1，会得到一个失真但没有出错信息的信号。

信号信宿在第 11 行定义，audio.sink()返回一个模块，它作为声卡控制，并用来播放任何流入其内的采样信号。正如前面提到的，其采样率还是必须显式地设置，尽管在信号源中已经设置了。GNU Radio 无法从上下文中推测出正确的采样率，因为这个信息没有在模块之间传递。

第 12 行和 13 行用来连接功能块。用来连接功能块的一般句法是 self.connect(block1, block2, block3, ...)，它把功能块 1 的输出和功能块 2 的输入相连、把功能块 2 的输出和功能块 3 的输入相连，以此类推。通过 connect()的调用可以连接任意数量的功能块。在此，必须使用一个特殊的句法，来展示 src0 和 dst 第一路输入的连接；src1 和 dst 第二路输入的连接。self.connect (src0, (dst, 0))明确地把 src0 和 dst 的端口 0 相连。形如（dst, 0）的结构在 Python 中称为元组（tuple）。在 self.connect()调用它是明确所要连接的端口的编号。当端口编号为 0 时，功能块便可单个被使用。这样，第 12 行便可以如下表示。

```
self.connect((src0, 0), (dst, 0))
```

如此一来，构建一个流程图的工作便完成了。最后 5 行的作用是启动流程图。try 和 except 的简单功用是确保在键入 Ctrl+C 时停止流程图（否则它便无休止地运行下去），它是用来触发 Python 的异常函数 KeyboardInterrupt。

对于 Python 新手而言，在此强调两个注意点：①也许已经都意识到，类 my_top_block 的使用不需创建实例，在 Python 中，这种用法屡见不鲜，尤其是对于那些仅仅只能创建一个实例的类；当然，也可以创建该类的一个或者两个实例，然后通过这些实例来调用函数 run()；②缩进是代码的组成部分，但不是（参与程序功用的）核心部分，仅仅是为了程序员的方便。如果试图修改此代码，请确保不要把 Tab 键和 Space 键相混。每一级都确保一致的缩进。

如果想遵循本节的内容深入下去，坚实的 Python 功底是必需的。到如下的 Python 站点可以找到相关的或感兴趣的文档或库：http://www.python.org。

下一站点也许对具有一些程序背景的工程或科研人员来说更有用：http://wiki.python.org/moin/BeginnersGuide/Programmers。

现在对利用 Python 程序编写 GNU Radio 通信系统做一个小结。

（1）必须使用 from gnuradio import 命令导入（import）所需的 GNU Radio 模块，经常需要用到的模块是 gr。

（2）流程图包含在继承于类 gr.top_block 的类函数内。

（3）功能块通过调用如 gr.sig_source_f() 的函数来构建，其返回值保存在其变量参数中。

（4）功能块通过包含流程图的类调用 self.connect() 相互连接在一起。

（5）若对于编写基本的 Python 代码感到困难，休息一下然后先去学习 Python。

后面将会给出用 Python 编写 GNU Radio 应用更详细的概述。

6.4　编　程　指　南

前面的例程已经介绍了许多如何用 Python 编写 GNU Radio 应用的内容。本节将试图展示 GNU Radio 应用以及如何使用它们。从现在开始，可以按照读者的需求跳跃地阅读。

6.4.1　Python 如何调用 C++程序

有很多程序开发人员认为，把 Python 和 C/C++进行组合是很理想的做法。影响运行效率的部分，用 C/C++实现；需要开发效率的部分，用 Python 来组织。有些开发者先用 Python 进行原型开发，后期使用 C/C++提高关键部分的执行效率。

GNU Radio 采用了 Python 调用 C/C++的方式。Python 调用 C/C++模块有多种方法，以下对其中的两种调用方式进行介绍。

（1）最简单的方式就是 Python 通过动态链接库的方式调用 C/C++语言编写的模块。当 C/C++程序中没有使用 C++的类和重载时，在 C++程序中使用 extern "C" 的方式使编译程序将函数编译成 C 函数，编写好 cpp 文件后，使用类似 g++ *.cpp -fPIC -shared -o *.so 的命令编译生成动态链接库文件，然后 Python 就可以通过一定机制调用动态链接库文件了。*.so 文件是动态链接库或者共享库文件。

（2）如果 C++程序中使用了类、重载，此时 Python 调用的 C++(含类、重载)动态链接库更复杂一些，需要在代码的很多地方使用 extern "C"进行处理，相当于 Python 还是调用的 C 语言函数。

（3）使用 SWIG 工具。SWIG 是帮助使用 C 语言或者 C++编写的软件能与其他各种高级编程语言进行嵌入连接的开发工具。SWIG 能应用于各种不同类型的语言，包括常用脚本语言，如 Perl、PHP、Python 和 Ruby 等。GNU Radio 使用 SWIG 工具来自动产生嵌入 C++模块的 Python 接口。有些情况下，还需要使用 Boost.Python 库，以及 libtool 等工具[4]。

其中 Boost.Python 是著名 C++库 Boost 的一个组件，它实现了 C++和 Python 两种功能丰富的优秀语言环境间的无缝协作。而 libtool 是一个通用库支持脚本，将使用动态库的复杂性隐藏在统一、可移植的接口中。使用 libtool 的标准方法，可以在不同平台上创建并调用动态库。libtool 是 GCC（GNU Compiler Collection）的一个抽象，包装了 gcc（或者其他的编译器），用户不需要知道细节，只要告诉 libtool 需要编译哪些库即可，libtool 将处理库的依赖等细节。libtool 只与后缀名为.lo、.la 的 libtool 文件打交道。libtool 的一个主要作用是在编译大型软件的过程中解决库的依赖问题，将繁重的库依赖关系的维护工作承担下来。libtool 提供统一的接口，隐藏了不同平台间库的名称的差异等细节，生成一个抽象的后缀名为.la 的高层库，如 libxx.la（其实是个文本文件），并将该库对其他库的依赖关系，都写在该.la 的文件中。该文件中有一个 dependency_libs 列表，用以记录该库所依赖的所有库（其中有些是以.la 文件的形式加入的）。文件中的 libdir 则指出了库的安装位置，文件中 library_names 变量记录了共享库的名字，old_library 记录了静态库的名字。

注意：查看 GNU Radio 的代码包中各个子文件夹中的文件可以发现，有一些以.la 为后缀的文件，也有以.so 为后缀的文件，分别是 libtool 工具编译出的库文件和动态链接库。

6.4.2　GNU Radio 模块

GNU Radio 涵盖了相当多的库和模块。通常使用如下句法来导入模块。

```
from gnuradio import MODULENAME
```

有些模块的功用略有不同，表 6-1 列出了一些最常用的模块。

表 6-1　一些常用的 GNU Radio 模块

gr	GNU Radio 主要库函数，这是总要被用到的库
usrp	USRP "源" 和 "宿" 及控制
audio	声卡控制（"源""宿"），使用它给声卡来发送或接收音频，但是配合外部射频前端声卡只能用作窄带接收机

续表

blks2	该模块包含额外使用 Python 编写的模块，如常用的调制、解调、一些额外的滤波代码、重新采样、压缩等
optfir	用于设计最佳 FIR 滤波器的例行程序
plot_data	提供了一些使用 Matplotlib 接口来绘制数据图表的函数
wxgui	此模块实际上是个子模块，它包含能够快速地构建图形化的和流程图相连接的用户接口的功能。使用命令 from gnuradio.wxgui import *来导入此子模块，或使用命令 from gnuradio.wxgui import stdgui2, fftsink2 来导入特定的部分。参阅 Graphical User Interfaces 了解更详细的内容
eng_notation	添加用来处理工程标记的如'100M' for 100 * 10^6'的函数
eng_options	使用命令 from gnuradio.eng_options import eng_options 来导入功能。此模块扩展 Python 的 optparse 模块来理解工程标记(参阅如上)
gru	功用杂类，算术和其他

这是到目前为止的不完全列表，对模块的描述也不完全有意义。GNU Radio 的代码目前变化太大，所以编制一套静态的文档的时机还不成熟。

取而代之（静态文档），比较鼓励的做法是就像早期版本的星球大战箴言那样"使用资源（use the source）"来探索模块的奥妙。如果觉得 GNU Radio 应当具备一些想要的功能，要么去钻研一下 Python 目录所涵盖的模块，要么探究一下 GNU Radio 功能块所包含的源码。特别应该关注源码目录下以 gr-开头的源码资源，如 gr-sounder 或 gr-radar-mono。这些源码生成它们自身的代码和相应的模块。

当然，Python 自身资源（模块）也极其丰富，它们中间的一些，尽管不是十分必要，但对于编写 GNU Radio 应用极其有用。敬请参阅 Python 的文档，以及到 SciPy 的站点寻求更多的资讯。

6.4.3　选择、定义和配置功能块

GNU Radio 包含极其丰富的预先定义好的功能块。但是对于一个新手而言，常常会对如何为自己的工程应用选择合适的功能块，并且正确地把它们搭配起来感到困惑。

论及模块，GNU Radio 代码的变化相当大，因此有关模块的静态文档目前没有现实意义。但是谈到功能块，情况便略有不同。首先，文献[5]可以下载到非官方的 GNU Radio 用户手册（基于 GNU Radio 3.1.1）。

下面便是关于文档的自动生成的问题。它是源码通过 Doxygen 生成的。在此建议该文档在构建系统时一并生成。运行 make 命令的同时，在./configure 的命令中添加 --enable-doxygen 命令行选项便可产生此文档。这样的操作是很有益的，其文档包含便于浏览的 HTML 格式的文本。如果不想或没有机会自动生成这些文档，也可以到文献[6]的站点（当然不会是最新版本的）去浏览。在 gnuradio-core/doc/html 目录下，可以找到这些自动生成的文档。

学习如何使用这些文档是学习如何使用 GNU Radio 的核心工作。

下面这三行代码是摘自前述的例程。

```
1 src0 = gr.sig_source_f (sample_rate, gr.GR_SIN_WAVE, 350, ampl)
2 src1 = gr.sig_source_f (sample_rate, gr.GR_SIN_WAVE, 440, ampl)
3 dst = audio.sink (sample_rate, "")
```

在此简述代码被执行时背后的故事：模块 gr 的函数 sig_source_f 被执行时，它接纳了四个函数参数如下。

（1）sample_rate, Python 的变量。

（2）gr.GR_SIN_WAVE，在模块 gr 被定义的参数。

（3）350，常数。

（4）ampl，另外一个变量。

此函数产生一个结果被赋予 src0 的类。同样的故事发生在其他两行，只是"宿"源于不同的模块（audio）。

当然，对于初学者来说，还有一个疑问，即如何得知该使用哪个功能块和哪些参数应当被传递到 gr.sig_source_f()中。这就是文档所扮演的角色。如果使用的是 Doxygen 生成的文档，单击左上角名称为 Modules 的键，进入到 Signal Sources，便会发现一列信号发生器，其中包含 sig_source_*组。后缀在此定义输出的数据类型。

（1）f = float，浮点型。

（2）c = complex float，复合浮点。

（3）i = int，整型。

（4）s = short int，短整型。

（5）b = bits，位（实际上为整型）。

这些后缀的规则对于所有的功能块都适用。例如，gr.fir_filter_ccf()定义了一个 FIR 带复合输入、复合输出和浮点抽头的滤波器；而 gr.add_const_ss()则定义了一个用来叠加短整型输入数值和另一个短整型常数的功能块。

单击文档顶部名称为 Classes 的键便会得到一个带有简短描述的所有类的列表。那份非官方的 GNU Radio 手册按照模块分类列出所有的类，也可以使用所用 PDF 阅读器进行选择性的查询。

我们在编程时，所用的大多数功能块要么来自 gr、audio，要么来自 USRP 模块。如果能在自动生成文档中发现名称为 gr_sig_source_f 的类文档，便可以在 Python 中生成名字为 gr.sig_source_f()的类。

很有必要在此探求一下 GNU Radio 幕后的故事。可以如此自如地在 Python 代码中使用由 C++构建的功能块，其原因是 GNU Radio 使用 SWIG 工具来生成 Python 和 C++的接口。每个由 C++构建的功能块都源自于构建一个名称为 gr_make_*** (在上面的例程中就是 gr_make_sig_source_f())的函数。此函数在被匹配的同时便在相同的页面被自动文档化，而且这也被输出到 Python。可以这样理解，Python 的 gr.sig_source_f() 函数调用 C++的 gr_make_sig_source_f()。基于同样的原因，它们使用同样的变量——这便是为何应当知道如何在 Python 的功能块中初始化的原因。

浏览 Doxygen 版本的类 **gr_sig_source_f** 的文档，便会发现很多的表达式，如 set_frequency()。这些表达式也被输出到 Python。这样在产生一个信号源时，使用如下方法便可以改变频率（应用便可声称具有频率控制功能）。

```
# We're in some cool application here
src0 = gr.sig_source_f (sample_rate, gr.GR_SIN_WAVE, 350, ampl)
# Other, fantastic things happen here
src0.set_frequency(880) # Change frequency
```

如上代码便将第一个信号发生器的频率改为 880Hz。

希望 GNU Radio 文档能够成长并且变得越来越完善。但是，要在细节上完全理解功能块，就必须去查看和理解代码。在这一点上，文档无论是否完善都是无法替代的。

1. 连接功能块

使用 gr.top_block 的 connect() 来连接功能块，需要注意：

（1）相同数据类型的输入和输出才可以相连。如果把浮点型输出和复合型输入相连便会导致错误。

（2）一个输出可以和多个输入直接相连，并不需额外的功能块来复制该信号。

这些连接功能块的基本规则基本上适应一般的情况。但一旦所要连接的数据类型被混淆，需要注意如下的几点。

（1）GNU Radio 通过检查其大小来检查输入和输出数据类型是否匹配。如果凑巧连接了两个不同的数据类型，但它们的数据大小一致，这肯定导致无用的数据。

（2）在处理单个数据位时，应格外谨慎。有时只是一般意义上的二进制，但有时便需对特定位置（或特定数量）的位进行处理。有关内容敬请参阅功能块 packed_to_unpacked*和 unpacked_to_packed*的文档。

（3）也应格外谨慎应对动态范围问题。对于使用浮点或复合数据类型的情况，它提供了一个足够大的范围让用户根本不需要考虑任何机器方面的问题，但对于一些"源"和"宿"必须严守一些规则。例如，音频一类的"宿"要求采样区间为[-1, 1]，任何超出该范围的便被裁剪掉。另一方面，由于 DAC 的动态范围限制，USRP 作为"宿"，其采样被限制在[-32767, 32767]（16 位带符号数值）。

6.4.4　模块的阶层结构

有时需要把几个功能块综合为一个新的功能块。可以这样理解，有好几个应用都涉及一个通用信号处理部件，它是由其他几个功能块来构建的。这些功能块便可以综合为一个新功能块，此新构建的功能块便可以当成一个通用 GNU Radio 功能块用于应用程序之中。

例如，有两个不同的流程图：FG1 和 FG2。两者都使用，或相互使用功能块 B1 和 B2。便可以把它们合并成一种阶层结构的功能块——HierBlock。

```
+---------------------+
|  +-----+  +----+  |
--+--+ B1   +--+ B2 +--+---
|  +-----+  +----+  |
|      HierBlock      |
+---------------------+
```

构建一个流程图，其衍生自（继承于）gr.hier_block2 进而使用 self 作为"源"和"宿"。

```
1 class HierBlock(gr.hier_block2):
2    def +init+(self, audio_rate, if_rate):
3      gr.hier_block2.+init+(self, "HierBlock",
4          gr.io_signature(1, 1, gr.sizeof_float),
5          gr.io_signature(1, 2, gr.sizeof_gr_complex))
6
7      B1 = gr.block1(…) # Put in proper code here!
8      B2 = gr.block2(…)
9
10     self.connect(self, B1, B2, self)
```

如上所展示的，构建一个阶层结构的功能块和构建一个继承于 gr.top_block 的流程图十分相似。当然除了使用 self 作为"源"和"宿"这点之外，另外还有一个不同点：其父类的构建函数（第 3 行）需接收额外的信息。该调用 gr.hier_block2.+init+() 还涉及四个参数。

（1）self（它总是作为第一个参数被传递给构建函数）。

（2）字符串变量用于标记该阶层结构功能块（需要恰当相应地更名）。

（3）一个输入签名。

（4）一个输出签名。

对上面最后两个参数需一些额外的解释。除非已经写好相关的 C++的功能块（第 7、8 行），否则 GNU Radio 需要知道功能块所用到的输入和输出的数据类型。正如上例展示的，通过调用输入和输出的签名 gr.io_signature()便可应对该问题。该函数的调用同时也涉及如下三个问题。

（1）端口的最小数量。

（2）端口的最大数量。

（3）输入/输出元素的大小。

对于阶层结构功能块 HierBlock 而言，不难发现它有一个输入和一个或两个输出。输入到功能块的对象是浮点型（float），这样功能块便以真实浮点数值来处理输入。在

B1 或 B2 某个位置数据类型被转换成复合浮点型，这样输出签名便声明输出类的对象是 gr.sizeof_gr_complex。gr.sizeof_float 和 gr.sizeof_gr_complex 等同 C++调用 sizeof() 的返回值。

以下是其他数据类型。

（1）gr.sizeof_int。

（2）gr.sizeof_short。

（3）gr.sizeof_char。

使用 gr.io_signature(0, 0, 0)便可以产生一个 null 类型的 IO 签名（signature），这种方法便可以用来定义阶层结构的功能块作为"源"或"宿"。

现在便可把 HierBlock 作为一个通常功能块来使用。如下面所展示的，它是如何被用在和上面相同的例程中的。

```
1 class FG1(gr.top_block):
2   def +init+(self):
3     gr.top_block.+init+(self)
4
5   … # Sources and other blocks are defined here
6   other_block1 = gr.other_block()
7   hierblock = HierBlock()
8   other_block2 = gr.other_block()
9
10  self.connect(other_block1, hierblock, other_block2)
11
12  … # Define rest of FG1
```

当然，模块化地使用 Python，还应把 HierBlock 的代码放入另外一个名称为 hier_block.py 的文件。从另外一个文件来使用该功能块，简单的做法是通过导入标识符（import）的方法来实现。

```
from hier_block import HierBlock
```

这样便可以如上使用 HierBlock。

使用阶层结构功能块的例程有以下几种。

```
gnuradio-examples/python/usrp/fm_tx4.py
gnuradio-examples/python/usrp/fm_tx_2_daughterboards.py
gnuradio-examples/python/digital/tx_voice.py
```

6.4.5 并行流程图

有时需要完全分离（并行的）的流程图。例如，发射和接收链路（如 Walkie-Talkie 例程）。目前，并行运行顶层功能块（top_block）还不现实。但是可以使用 gr.hier_block2，如上所述，借用阶层功能块的概念，来生成一个 top_block，从而持有如下例程所构建的流程图。举例如下。

```
1  class transmit_path(gr.hier_block2):
2    def +init+(self):
3        gr.hier_block2.+init+(self, "transmit_path",
4          gr.io_signature(0, 0, 0), # Null signature
5          gr.io_signature(0, 0, 0))
6
7    source_block = gr.source()
8    signal_proc = gr.other_block()
9    sink_block = gr.sink()
10
11   self.connect(source_block, signal_proc, sink_block)
12
13 class receive_path(gr.hier_block2):
14   def +init+(self):
15       gr.hier_block2.+init+(self, "receive_path",
16       gr.io_signature(0, 0, 0), # Null signature
17       gr.io_signature(0, 0, 0))
18
19   source_block = gr.source()
20   signal_proc = gr.other_block()
21   sink_block = gr.sink()
22
23   self.connect(source_block, signal_proc, sink_block)
24
25 class my_top_block(gr.top_block):
26   def +init+(self):
27    gr.top_block.+init+(self)
28
29   tx_path = transmit_path()
30
31   rx_path = receive_path()
32
33   self.connect(tx_path)
34   self.connect(rx_path)
```

这样一来，只要启动 my_top_block，两个流程图便并行运行。不难注意到此阶层结构的功能块没有输入和输出，是一个 null 类型的 IO 签名。这样会导致的结果是没有把 self 作为"源"和"宿"而和它相连。相反，它们各自定义自己的"源"和"宿"

（就像定义阶层结构功能块作为"源"或"宿"一样）。顶层功能块简单地把阶层结构功能块连向自身，这样它们便没有被连接起来。

下面目录中的例程是一个并行流程图的例程：gnuradio-examples/python/usrp/usrp_nbfm_ptt.py。

6.4.6　GNU Radio 的扩展和工具

GNU Radio 不仅包含一些功能块和流程图，它还包含很多的工具和代码用来帮助编写 DSP 应用。

在 gr-utils/下可以发现一整套设计用来帮助构建 GNU Radio 应用的应用代码。

到 gnuradio-core/src/python/gnuradio 通过浏览源代码来寻找有用的应用，如滤波器设计代码、调制应用以及其他应用代码。

6.4.7　流图的控制

到目前为止，如果一直沿着本章内容，便不难发现流程图总是以类的形式存在，并继承于 gr.top_block。这样一来，问题便呈现出来：如何来控制这些类？

前面已经提到，从 gr.top_block 继承下来的类包含了其中所有可能用到的函数。这样便可以使用如下一些方法（函数）来运行和停止流程图，如表 6-2 所示。

表 6-2　用来运行和停止流程图的函数

run()	最简单的运行一个流程图的方法是：先调用 start()再调用 wait()。一般地启动一个流程图，直到它自行停止，或者永久性地运行下去直到接收到 SIGINT 后（停止）
start()	启动一个内嵌的流程图。线程（threads）一产生便返回调用者
stop()	停止正在运行的流程图。值得注意的是，该线程由调度生成来关闭流程图，然后返回调用者
wait()	等待流程图完结。流程图在如下两种情况下完结：①所有的功能块任务被完结；②通过调用 stop()来关闭流程图
lock()	闭锁流程图来准备重新配置
unlock()	在准备重新配置的过程中开锁。一旦同等数量的闭锁 lock()和开锁 unlock()的调用发生，流程图将会自动重新启动

详细信息请参阅 gr_top_block 功能块的文档。

举例如下。

```
1 class my_top_block(gr.top_block):
2   def +init+(self):
3     gr.top_block.+init+(self)
4   … # Define blocks etc. here
5
6 if +name+ == '+main+':
7   my_top_block().start()
```

```
 8  sleep(5) # Wait 5 secs (assuming sleep was imported!)
 9  my_top_block().stop()
10   my_top_block().wait() # If the graph is needed to run again, wait()
    must be called after stop
11  … # Reconfigure the graph or modify it
12  my_top_block().start() # start it again
13  sleep(5) # Wait 5 secs (assuming sleep was imported!)
14  my_top_block().stop() # since (assuming) the graph will not run
    again, no need for wait() to be called
```

这些方法（函数）可以帮助从外部控制流程图。但对好多问题这是不够的，如不能只是简单地启动或停止流程图，最好是能通过重新配置来改变其行为。例如，设想应用中包含一个音量控制器，它在流程图的某个地方。这个音量控制器通过在采样数据流中插入乘法器来实现。这个乘法器是 gr.multiply_const_ff 类型。如果查阅此功能块的文档，便会发现函数 gr.multiply_const_ff.set_k()是用来设置乘法系数的。

应当使此设置从外部可视，这样便可以控制它。简单的做法是把功能块作为流程图的类的属性。

举例如下。

```
 1 class my_top_block(gr.top_block):
 2   def +init+(self):
 3    gr.top_block.+init+(self)
 4   … # Define some blocks
 5   self.amp = gr.multiply_const_ff(1) # Define multiplier block
 6   … # Define more blocks
 7
 8    self.connect(..., self.amp, ...) # Connect all blocks
 9
10   def set_volume(self, volume):
11   self.amp.set_k(volume)
12
13 if +name+ == '+main+':
14   my_top_block().start()
15   sleep(2) # Wait 2 secs (assuming sleep was imported!)
16   my_top_block.set_volume(2) # Pump up the volume (by factor 2)
17   sleep(2) # Wait 2 secs (assuming sleep was imported!)
18   my_top_block().stop()
```

此例程运行流程图 2s，然后通过名称为 set_volume()的成员函数读取功能块 amp 来倍增音量。当然也可以忽视该成员函数直接访问属性功能块 amp。

提示：把功能块作为流程图的类属性是一个很好的观念，它使得通过成员函数来扩展流程图变得更加容易。

6.4.8　非流图应用

到目前为止，本章内容的 GNU Radio 的应用都是围绕着这个从 gr.top_block 的类继承下来的类为中心来阐述的。尽管如此，这并不表示 GNU Radio 必须这样来使用。GNU Radio 被设计成使用 Python 作为工具来开发 DSP 应用，这样便理应尽 Python 之能来尽 GNU Radio 之用。

Python 的功能异常强大，而且新的库和函数在持续性地增加。同样的 GNU Radio 也以强大的、实时能力的 DSP 库来扩展 Python。轻轻地动一下手指，便可以把这些库相结合拥有庞大的函数库。例如，把 GNU Radio 和 SciPy[7]（一个 Python 的科学函数库集合）相结合便可实时采集射频信号，然后进行十分强大的离线数学运算，把统计结果存储到数据库等。这一切都可以在同一应用上完成。如果把这些库都结合在一起，如像 MATLAB 等昂贵的工程软件也可能变得多余了。

6.4.9　高级主题

如果仔细地研读了前面的部分，已经足以能开始编写一个 GNU Radio 的 Python 应用程序。本节将深入阐述一些 GNU Radio 的 Python 应用程序的话题。

1. 动态流程图的生成

一般而言，前述构建流程图的方法足以解决大多数问题，但想要应用更加灵活，所要做的便是从正在构建的类的外部对流程图进行更多的控制。

这可以通过把函数+init+()的代码提取到外部，然后简单地把 gr.top_block 当成容器来使用，举例如下。

```
1    ··· # We are inside some application
2    tb = gr.top_block() # Define the container
3
4    block1 = gr.some_other_block()
5    block2 = gr.yet_another_block()
6
7    tb.connect(block1, block2)
8
9    ··· # The application does some wonderful things here
10
11   tb.start() # Start the flow graph
12
13   ··· # Do some more incredible and fascinating stuff here
```

如果想编写一些需要动态停止的流程图（便于重新配置、重新启动等）。此法不失是一个可行的选择。

相关例程如下。

```
gnuradio-examples/python/apps/hf_explorer/hfx2.py
```

2. 命令行选项

Python 有一些用来语法分析（parse）命令行选项的库。参阅模块 optparse 的文档来查看如何使用它。

GNU Radio 扩展了 optparse 的命令行选项。使用 from gnuradio.eng_option import eng_option 来导入这种扩展。借助 eng_option 扩展了如下内容，如表 6-3 所示。

表 6-3　借助 eng_option 扩展的内容

eng_float	和原始的 float 选项一样，但它接纳工程标记如 101.8M
subdev	仅接纳有效的子设备描述符如 A:0（用来表述某个 USRP 上的某个子板）
intx	仅接纳整型

应用程序一旦支持命令行选项的功能，该应用便可以遵从 GNU Radio 固有的命令行的习惯。在文档 README.hacking 里可以找到和这些（还有更多为开发者的建议）相关的内容。

现实中几乎每个 GNU Radio 的例程都利用了该特性。参阅一下 dial_tone.py 便对此一目了然。

3. 用户图形界面

对于一个 Python 专家以及具有一些 Python GUI（或者任何 GUI 工具）编程经历的专业人士来说，本节也许是多余的。正如前面多次提到的，GNU Radio 仅延伸了 Python 的 DSP 功能而已。这样，编写 GNU Radio 的 GUI 应用时，只需先编写一个纯粹的 GUI 应用，然后再把流程图添加上，随后再定义一些接口来把 GNU Radio 的信息传递到此应用中；反之亦然。最后若想输出图形，使用 Matplotlib 或者 Qwt 即可。

然而，有时只需简单快速地编写一个带有 GUI 的 GNU Radio 应用而不必烦琐地去配置 widgets，以及定义所有的菜单等。为此 GNU Radio 本身包含了一些预定义的类可以用来帮助快速编写图形化的 GNU Radio 应用。

这些模块是基于 wxWidgets（准确地说是 wxPython）的一套与平台无关的 GUI 工具包。掌握它还是需要一些 wxPython 的背景知识，但不要担心，首先它不是多么复杂的工作，而且网络上也有几个教程。到文献[8]的网站可以找到一些文档。

首先需要导入一些模块，这样才能够使用 GNU Radio 的 wxWidget 工具。

```
from gnuradio.wxgui import stdgui2, fftsink2, slider, form
```

上面的例程展示，从子模块 gnuradio.wxgui 中导入了 4 个部件。下面列出一个简单的模块清单（再强调一下，这不是全部的模块清单。在 gr-wxgui/src/python 目录下便可浏览更多的模块或源码），如表 6-4 所示。

表 6-4　gnuradio.wxgui 的模块清单

stdgui2	基本的 GUI，这也是经常用到的部分
fftsink2	绘制数据的 FFT 波形图用来进行频谱分析之类
scopesink2	示波器输出
waterfallsink2	瀑布式输出（waterfall output）
numbersink2	显示输入数据的数字量
form	常常使用输入形式

如下是一个新的流程图定义的代码块。在此流程图中，被定义的类不是继承于 gr.top_block 而是 stdgui2.std_top_block。

```
1 class my_gui_flow graph(stdgui2.std_top_block):
2     def +init+(self, frame, panel, vbox, argv):
3         stdgui2.std_top_block.+init+ (self, frame, panel, vbox, argv)
```

正如此例程中所展示的，还有一点不同，构建函数中包含了一些新的参数。这是因为 stdgui2.std_top_block 不仅包含流程图的函数（它们是从 gr.top_block 继承下来的），也包含直接生成一个窗口所需的基本元素（如菜单等）。对于那些仅需快速图形应用的开发者来说，这是个好消息：GNU Radio 可以生成窗口和相关的一切，所要做的只是把插件（widgets)添加进去便可。下面也给出一个清单来简单地描述这些新的对象的功能（如果对于 GUI 编程不了解，这些概念可能会感觉很晦涩），如表 6-5 所示。

表 6-5　新的对象的功能

frame	框架（frame），新窗口的 wx.Frame。使用 frame.GetMenuBar()可以得到一个预先定义好的菜单
panel	面板（panel），位于框架之中，用于包容所有的 wxControl widgets
vbox	一个垂直的对象 box sizer (wx.BoxSizer(wx.VERTICAL)如此被定义)，用来在 panel 内垂直对齐 widgets
argv	命令行命令的参数

现在构建 GUI 可以说万事俱备。只要简单地把新的 box sizers 和 widgets 对象添加到 vbox，便能改变菜单等。而且 GNU Radio 的 GUI 的库 form 还把一些常规的功能进行了进一步的简化。

form 具有数量丰富的输入插件 widgets：form.static_text_field()用于静态文本类（仅用于显示）、form.float_field()用于浮点型数值输入、form.text_field()用于文本输入、form.checkbox_field()用于 checkboxes、form.radiobox_field()用于 radioboxes 等。在 gr-wxgui/

src/python/form.py 下查看所有这些代码。这些中的大多数调用把参数传递到相关的 wxPython 对象中,而且函数的参数命名都是见名知意的。

下面的例程展示如何使用 form 添加插件(widgets)。

gnuradio.wxgui 最有用的部分大概就是可以直接描绘输入的数据。实现它需要使用以 gnuradio.wxgui 为输入的一个"宿",如 fftsink2。这些"宿"的行为和 GNU Radio 的其他"宿"没有什么不同。也具有使用 wxPython 所需的特性,举例如下。

```
1 from gnuradio.wxgui import stdgui2, fftsink2
2
3 # App gets defined here …
4
5 # FFT display (pseudo-spectrum analyzer)
6 my_fft = fftsink2.fft_sink_f(panel, title="FFT of some Signal",
  fft_size=512,
7   sample_rate=sample_rate, ref_level=0, y_per_div=20)
8 self.connect(source_block, my_fft)
9 vbox.Add(my_fft.win, 1, wx.EXPAND)
```

首先,定义功能块:fftsink2.fft_sink_f。除典型的 DSP 参数,如采样速率之外,还需把 panel 对象传递到构建函数。然后把功能块和"源"相连。最后,把 FFT 窗口 (my_fft.win)置入 vbox BoxSizer 来显示其值。请记住,信号功能块的输出可以和任何数量的输入相连。

最后,运行 GUI 需要 wx.App(),这一点不同于传统的流程图。

```
1 if +name+ == '+main+':
2   app = stdgui2.stdapp(my_gui_flow_graph, "GUI GNU Radio Application")
3   app.MainLoop()
```

stdgui2.stdapp()使用 my_gui_flow_graph(第一个参数)来产生 wx.App。窗口的标题也设置为 GUI GNU Radio Application。

一些简单的 GNU Radio GUI 的例程如下。

```
gr-utils/src/python/usrp_fft.py
gr-utils/src/python/usrp_oscope.py
gnuradio-examples/python/audio/audio_fft.py
gnuradio-examples/python/usrp/usrp_am_mw_rcv.py
```

如果还有很多关于如何使用 Python 编写 GNU Radio 的应用问题,可以做以下工作。

(1)多使用资源。尤其是使用 gnuradio-examples 和 gr-utils 中的例程。

(2)查看邮件列表库,包括 Python 的[9]和 GNU Radio 的[10]。你所遇到的问题往往已被前人提起,这种概率是很大的。

参 考 文 献

[1]　python 介绍文档[EB/OL]. https://www.python.org/doc.

[2]　Python 官方文档中文版[EB/OL]. http://python.usyiyi.cn.

[3]　More comprehensive tutorial[EB/OL]. http://gnuradio.org/trac/wiki/Tutorials/WritePythonApplications.

[4]　Nosaferyao. libtool 的工作原理[EB/OL]. http://www.cnblogs.com/nosaferyao/archive/2011/3/28.html.

[5]　Radio 非官方用户手册[EB/OL]. http://microembedded.googlecode.com/files/Simple-Gnuradio-User-Manual-v1.0.pdf.

[6]　站点的文档[EB/OL]. http://gnuradio.org/doc/doxygen/hierarchy.html.

[7]　SciPy 库的说明[EB/OL]. http://www.scipy.org.

[8]　wxPython 的相关文档[EB/OL].http://www.wxpython.org.

[9]　Extensive Python forum[EB/OL]. http://mail.python.org.

[10]　GNU Radio Mailing List Archives[EB/OL]. http://www.gnu.org/software/gnuradio/mailinglists.html.

第 7 章　使用 C++开发 GNU Radio 信号处理模块

7.1　C++编程规范

数字信号处理模块由 GNU Radio 扩展模式进行构建，所以它们会被构建在 GNU Radio 结构树 gnuradio-core 以外的结构中，然后作为共享库，被 Python 语言动态地以 import 机制进行引用。GNU Radio 中的信号处理模块通常称为 block，一般是使用 C++语言编写的，这些 block 主要用来处理基带信号方面的一些高速操作，如调制解调、编码译码和滤波器等。因此，在编写这些 block 时，不仅要遵循一些 C++的通用编程规范[1,2]，也要遵循 GNU Radio 中的 C++自定义规则。

7.1.1　编辑规范

1. 排版

在使用 C++开发基于 GNU Radio 平台的信号处理模块时，要保持在整个项目开发中使用一致的编程规范：程序块要采用缩进风格编写，缩进的空格数要在整个开发中保持一致（建议不要用 Tab 键，一般为 4 个空格）。相对独立的程序块之间、变量说明之后必须加空行。较长的语句（>80 字符）要分成多行书写，长表达式要在低优先级操作符处划分新行，操作符放在新行之首，划分出的新行要进行适当的缩进，使排版整齐，提高程序可读性。示例代码如下。

```
if (!valid_ni(ni))
{
    perm_count_msg.head.len = NO7_TO_STAT_PERM_COUNT_LEN
             + STAT_SIZE_PER_FRAM * sizeof( _UL );
    act_task_table[taskno].duration_true_or_false
        = SYS_get_sccp_statistic_state( stat_item );
    report_or_not_flag = ((taskno < MAX_ACT_TASK_NUMBER)
        &&(n7stat_stat_item_valid (stat_item))
                  &&(act_task_table[taskno].result_data!=0));
}

repssn_ind = ssn_data[index].repssn_index;
repssn_ni  = ssn_data[index].ni;
```

2．GNU Radio 中的命名规范

　　GNU Radio 对于其内部 block 的命名也有自己的规则，大部分 block 的命名均遵循这个规则。了解 GUN Radio 命名规范有助于理解代码基本含义以及胶黏 C++与 Python。在 GUN Radio 中除了宏（macros）和常量（constant values）外，所有其他的标识符都使用小写，并用下划线连接起来，如 words_separated_like_this。宏和常量采用大写，如 UPPER_CASE。

　　1）类数据成员变量和实例变量

　　所有类数据成员变量应带有前缀 d_。这样做最大的收益是，当面对一段 block 的代码时，一眼便知哪些应该在 block 之外赋值。这样也免去在写构造函数时绞尽脑汁去想新的变量名，只需要使用和成员变量一样的名字，把 d_前缀去掉就可以了。另外，所有类静态数据成员都应以 s_开头。实例代码如下。

```
class gr_wonderfulness
{
  std::string   d_name;
  double        d_wonderfulness_factor;
public:
  gr_wonderfulness (std::string name,double wonderfulness_factor)
   :d_name (name),d_wonderfulness_factor(wonderfulness_factor)
   …
};
```

　　2）包（package）前缀

　　所有全局可见的命名（自定义类型、函数、变量、常量等）都带有包前缀，后面跟着一条下划线。GNU Radio 中的大部分代码都属于 gr 包，所以这些命名都是如 gr_xxx_xxx 或 gr_xxx_xxx(...)的形式。在一些大的相关机构代码中可能使用其他的包前缀，常见的有如下几种。

　　（1）gr_：基本所有的数据处理模块以此开头。

　　（2）gri_：原始的一些模块应用采用此前缀来表明此模块没有父类。例如，我们有两个成员名字：gr_foo()和 gri_foo()，前者表示继承自顶层模块 gr_block，后者表示是底层的函数，没有继承任何上层模块。

　　（3）atsc_：高清电视模块。

　　（4）usrp_：USRP 模块。

　　（5）qa_：质量验证，用于测试代码。

　　以 gr_square_ff 这个 block 来进行说明：gr 代表着该模块所隶属的包，这个包主要是在 Python 中使用的；square 是可以由用户定义的模块名字，尽量选取可以表示 block 功能的名字；ff 表示 block 的输入输出数据类型均为 float 类型。

3）文件命名

每一个重要的类都应包含在它自己的文件中。例如，gr_foo 类应当在 gr_foo.h 中声明，并在 gr_foo.cc 中定义实现。这是一个约定俗成的规矩。

4）后缀

按照惯例，信号处理模块名称的后缀由输入和输出数据流类型来确定。其后缀通常占 1~2 个字符。第一个字符表示输入数据流的类型，第二个字符表示输出数据流的类型。FIR 滤波器带有三个字符的后缀，它们分别表示输入、输出和抽头（taps）的数据类型。另外，对于那些处理向量流的模块而言，使用字符 v 作为后缀的第一个字符，如 gr_fft_vcc，FFT 模块在其输入端使用复数向量，然后在输出端产生一个复数向量。

针对 gr_square_ff 这个 block，后缀 ff 代表了 block 的输入输出数据类型。block 中常用的数据类型有：①f（float），单精度浮点型数据；②c（complex）：两路浮点型数据所组成的复数型数据（即 I、Q 两路数据）；③i（int）：整型数据；④s（short）：短整型数据；⑤b（byte）：char 型数据，即字符型数据。GNU Radio 中的数据类型定义在 gr_types.h 和 gr_complex.h 两个文件中。具体如表 7-1 所示。

表 7-1　GNU Radio 中的数据类型定义

C++类型	GNU Radio 中 typedef 自定义类型
std::complex<float>	gr_complex
std::complex<double>	gr_complexd
std::vector<int>	gr_vector_int
std::vector<float>	gr_vector_float
std::vector<double>	gr_vector_double
std::vector<void *>	gr_vector_void_star
std::vector<const void *>	gr_vector_const_void_star
short	gr_int16
int	gr_int32
unsigned short	gr_uint16
unsigned int	gr_uint32
long long	gr_int64
unsigned long long	gr_uint64
boost::shared_ptr<block 类名>	block 类名_sptr

需要注意的是，在 GNU Radio 中针对智能指针类型（在 7.3 节中会详细提到），约定都以_sptr 作为后缀，如 howto_square_ff_sptr。因此，若在代码中看到以_sptr 结尾的类型，则认为该类型为一个智能指针类型。

3. 注释

一般情况下，源程序有效注释量必须在 20％以上。注释的原则是有助于对程序的阅读理解，注释语言必须准确、易懂和简洁。使用//或/* */进行注释都可以，只是//用得更加广泛，在如何注释和注释风格上确保统一。

说明性文件（如头文件.h 文件、.inc 文件、.def 文件或编译说明文件.cfg 等）在头部应进行注释，注释必须列出版权说明、文件名、作者、版本号、生成日期、内容描述、功能、与其他文件的关系、修改日志等，头文件的注释中还应有函数功能简要说明。示例注释如下。

```
/**********************************************************
 Copyright (C)，开始年份-结束年份，单位名称
 File name: //文件名
 Author:   Version:    Date:   //作者、版本及完成日期
 Description:    //用于详细说明此程序文件完成的主要功能，与其他模块
                 //或函数的接口、输出值、取值范围、含义及参数间的控
                 //制、顺序、独立或依赖等关系
 Others:   //其他内容的说明
 Function List:  //主要函数列表，每条记录应包括函数名及功能简要说明
  ...
 History:  //修改历史记录列表，每条修改记录应包括修改日期、修改者及修改内容简述
   1. Date:
    Author:
    Modification:
   2. ...
 **********************************************************/
```

源文件头部也应进行注释，列出版权说明、版本号、生成日期、作者、模块目的/功能、主要函数及其功能、修改日志等。源文件的头注释示例如下。

```
/**********************************************************
 Copyright (C)，开始年份-结束年份，单位名称
 File name: test.cpp
 Author:   Version :   Date:
 Description:  //模块描述
 Version:  //版本信息
 Function List:   //主要函数及其功能
   ...
 History:  //历史修改记录
   <author>  <time>   <version >  <desc>
   David   96/10/12   1.0 build this moudle
 **********************************************************/
```

说明：Description 一项描述本文件的内容、功能、内部各部分之间的关系以及本文件与其他文件的关系等。History 是修改历史记录列表，每条修改记录应包括修改日期、修改者和修改内容简述等。

另外，C++类中的成员函数头部应进行注释，列出函数的目的/功能、输入参数、输出参数、返回值、调用关系（函数、表）等。示例代码如下。

```
/*********************************************************
method:      //函数名称
Description:     //函数功能、性能等的描述
Calls:    //被本函数调用的函数清单
Called By:   //调用本函数的函数清单
Table Accessed:   //被访问的表（此项仅对于牵扯到数据库操作的程序）
Table Updated:   //被修改的表（此项仅对于牵扯到数据库操作的程序）
Input:   //输入参数说明，包括每个参数的作用、取值说明和参数间关系
Output:    //对输出参数的说明
Return:    //函数返回值的说明
Others:    //其他说明
*********************************************************/
```

另外，需要注意的是，边写代码边注释，修改代码同时修改相应的注释，以保证注释与代码的一致性。不再有用的注释要删除。

7.1.2　设计规范

1. 一个实体对应一个职责

只给一个实体（包括类、函数、结构体、模块或库等）赋予一个定义良好的职责，随着实体的变大，职责范围也相应变大，但职责不应该发散。具有多个职责的实体通常是难以设计的，在设计中应该选择目的单一的函数、小且目的单一的类，以及边界清晰的紧凑模块。也意味着应用较小的低层抽象构建出更高层次的抽象。特别要避免将几个低层抽象集合成一个较大的低层次抽象聚合体[1]。

2. 合法性检查

C++类中实现成员函数，在使用输入参数和非输入参数（如文件、全局变量等）时，需要对输入参数和非输入参数进行合法性和有效性检查。

3. 头文件的设计

所有头文件都应该使用#define 防止头文件被多重包含（multiple inclusion），命名格式为<INCLUDED>_<文件名（大写）>_H。

为保证唯一性，宏的命名中应加入大写的文件名，以 howto_square_ff.h 为例。

```
#ifndef INCLUDED_HOWTO_SQUARE_FF_H  //HOWTO_SQUARE_FF 对应该.h 的文件名
#define INCLUDED_HOWTO_SQUARE_FF_H
...
#endif
```

4. 类的设计规范

类是 C++中基本的代码单元，仅当只有数据时使用结构体类型（struct）。类中的构造函数主要完成一些初始化工作。

GNU Radio 对其内部 block 的设计有其自己的规则：①gr_basic_block 是所有 block 的祖先类，所有 block 都是继承于 gr_basic_block 或它的子类，gr_block 继承于 gr_basic_block，它还衍生出三个可以被其他 block 继承的基类，即 gr_sync_block、gr_sync_intepolator 和 gr_sync_decimator，这些继承的类减少了参数的定义，使创建新的 block 更为方便；②继承基类的选择取决于 block 的输入/输出数据流的比值。具体的比值情况如表 7-2 所示。

表 7-2　基类继承选择条件

基类名称	输入/输出数据流比例
gr_block	任意比值
gr_sync_block	$1:1$
gr_sync_intepolator	$1:N$
gr_sync_decimator	$N:1$

在编写 block 的时候，需要注意的一个函数是 general_work()，它位于 gr_block 类中，是一个虚函数，用户需要在定义实际模块时重写该函数，它的主要工作就是把输入流经过某种运算之后变成输出流，所以是 gr_block 处理的核心。函数的原型如下。

```
virtual int general_work(int nouput_items,
                 gr_vettor_int &ninput_items,
                 gr_vector_const_void_star &input_items,
                 gr_vector_void_star &output_items)=0;
```

所以当用户在修改或添加 block 的时候，实际需要用户自己编写的部分就是这个虚函数，而其他只是一些参数修改的工作。函数中的 nouput_items 表示输出 item 的个数，用来记录每一个输出流输出 item 的数量。这里的 item 是输入/输出的粒度，用户自定义的，可能是一个复数，也可能是一个复数的向量等；类似地，ninput_items 表示输入 item 的个数，至于这两者数据类型的不同，是由于 GNU Radio 自身的原因，它可以使得多个输入流的速率不同，但是多个输出流的速率必须相同；input_items 是指向输入流的指针向量；output_items 是指向输出流的指针向量。这部分内容会在 7.3 节中进行详细说明。

因为设计中要求数据流能够高速地在 block 之间流动，所以在 block 中就要尽量避免对数据做一些大量数据转存之后再处理的工作，这样做可能会影响 block 的性能。

7.2　模　块　结　构

如果 GNU Radio 自带的 block 无法满足用户的需求，用户可以根据自身要求来编写 block，并加载到 GNU Radio 中。GNU Radio 也自带了一些模板供用户编写自己的信号处理模块[3]。从 Python 的角度来看，GNU Radio 提供了数据流的抽象，其实质是信号处理模块的构建和模块之间的连接。这种抽象由 Python 的 gr.flow_graph 类来实现。每个 block 都有一套输入/输出端口。每个端口都有相应的数据类型结构。最常见的数据类型是浮点型（float）和 gr_complex（相当于 std::complex<float>）。

写 block 时，需要将 C++代码构建成一个共享库，这样就能用导入机制，动态地载入到 Python 代码中。简化封装接口生成器（Simplified Wrapper and Interface Generator，SWIG），用于生成和黏合 C++代码以便在 Python 中使用。编写一个新的信号处理模块需要创建 3 个文件：用于定义一个新的 block 类的.h 和.cc 文件，用于告诉 SWIG 怎样产生黏合剂的.i 文件，该文件能够将类绑定到 Python 中。新类必须继承自 gr_block 或它的某个子类。

在介绍如何正确地组织 block 的三个文件（.h、.cc 和.i），并考虑将它们放到具体什么位置前，可以先从 ftp://ftp.gnu.org/gnu/gnuradio 中下载到最高版本的 gr-howto-write-a-block 学习模板案例包，如 gr-howto-write-a-block-3.3.0.tar.gz。解压后最好复制整个文件夹作为工作空间并根据自己的需要修改必要的文件。当然如果觉得 Makefile 的操作很麻烦，可以把这些文件当成模板，只需在相应的地方替换新的内容即可。

解压后的 block 模板中目录结构的说明如表 7-3 所示[4]。

表 7-3　模板目录结构

文件/目录名称	说明
Topdir/Makefile.am(u)	顶层的 Makefile.am
Topdir/Makefile.common(u)	共用的一些 Makefile 代码片段
Topdir/bootstrap(u)	用于第一次编译时，配置 autoconf、automake、libtool
Topdir/config(u)	Configure.ac 将使用这个目录下的内容
Topdir/configure.ac(u)	autoconf 的输入
Topdir/lib(m)	模块代码放置此处，包括.h、.cc、.i 文件
Topdir/lib/Makefile.am(m)	模块代码的 Makefile 配置文件
Topdir/swig/Makefile.swig.gen(m)	当需要修改 package 名称时，配合.i 文件产生.cc、.py 等文件
Topdir/python(u)	Python 代码置于此处，主要用于测试
Topdir/python/Makefile.am(u)	Python 测试的 Makefile
Topdir/python/run_tests.in(u)	用于执行 Python 测试的脚本文件

注：(u)表示不用修改，(m)表示必须要修改。

7.3　信号处理模块的编写

7.3.1　关键知识点

安装好 GNU Radio 以后，可以调用里面的数字信号处理模块，也可以通过将几个模块级联生成一个新的模块。这些都可以通过 Python 强大的黏合功能实现。但是如果要生成一个全新的数字信号处理模块，就不能简单地通过 Python 语言来实现了。需要使用 C++语言来编写源程序，最后编译成可以调用的 Python 模块。编写基于 C++的信号处理模块，需要了解几个关键的知识点[4-6]。

1. gr_basic_block/gr_block 类的说明

前面已提过，自定义的 block 类都是从 gr_basic_block 或其子类（如 gr_block）继承过来的，gr_basic_block 类定义在 src/lib/runtime/gr_basic_block.h 文件中，在类中定义的成员变量结构如下。

```
protected:
    friend class gr_flowgraph;
    friend class gr_flat_flowgraph;
    enum vcolor { WHITE, GREY, BLACK };
    std::string d_name;
    gr_io_signature_sptr d_input_signature;
    gr_io_signature_sptr d_output_signature;
    long d_unique_id;
    vcolor d_color;
```

d_name 是一个字符串，用于保存 block 的名称。为了方便调试，还定义了一个长整型的 d_unique_id 成员变量，作为 block 的 ID。

事实上，在 GNU Radio 中，往往将 gr_block 作为所有信号处理模块的基类，该类定义在 src/lib/runtime/gr_block.h 中，是 gr_basic_block 的子类，gr_block 类中的成员变量如下。

```
private:
    int      d_output_multiple;
    double   d_relative_rate;//approx output_rate / input_rate
    gr_block_detail_sptr  d_detail; //implementation details
    unsigned d_history;
    bool     d_fixed_rate;
    //policy for moving tags downstream
    tag_propagation_policy_t  d_tag_propagation_policy;
```

2. gr_io_signature 类的说明

类 gr_io_signature 在 src/lib/runtime/gr_io_signature.h 中被定义。它像是 block 输入和输出流的一个签注说明，告诉了我们一些基本信息。以下是 gr_io_signature.h 的部分定义。

```
class gr_io_signature {
  intd_min_streams;
  intd_max_streams;
  std::vector<int>d_sizeof_stream_item;

  gr_io_signature(int min_streams, int max_streams,
  const std::vector<int> &sizeof_stream_items);
  friend gr_io_signature_sptr
  gr_make_io_signaturev(int min_streams,
  int max_streams,
  const std::vector<int> &sizeof_stream_items);
 public:
  static const int IO_INFINITE = -1;
  ~gr_io_signature ();
  int min_streams () const { return d_min_streams; }
  int max_streams () const { return d_max_streams; }
  int sizeof_stream_item (int index) const;
  std::vector<int> sizeof_stream_items () const;
};
```

对于一个 block 的输入（输出），该类定义了数据流个数的上限和下限（d_min_streams 和 d_max_streams）。数据流中一个数据项（item）的大小（所占字节数）由 d_sizeof_stream_item 给出。创建 block 时，需要为输入和输出流指明 signature。

3. 智能指针 Boost

Boost 是 C++库的集合，GNU Radio 的一个预安装包。Boost 可以看成从很多方面对 C++的一个强大的扩展，如在算法实现、数学/数值、输入/输出、迭代算法等方面。若想更进一步地了解 Boost，可以参阅 http://www.boost.org 网站。

对于 gr_base_block 类和 gr_block 类中使用到的 gr_io_signature_sptr 类型，进行如下说明。

gr_runtime_types.h 包括在 gr_basic_block.h 中。在 gr_runtime_types.h 中，gr_io_signature_sptr 定义如下。

```
typedef boost::shared_ptr<gr_io_signature> gr_io_signature_sptr;
```

而且，在 gr_runtime_types.h 中包含了 gr_type.h。gr_type.h 包含了一个头文件。

```
#include <boost/shared_ptr.hpp>
```

这样 GNU Radio 就可以利用 Boost 智能指针了[7]。那么什么是 Boost 智能指针呢？GNU Radio 从 Boost 引入了一个非常好的东西：smart_ptr 库，称为智能指针。智能指针也是对象，里面保存着许多指针，这些指针指向动态分配的对象，它的很多特性非常像 C++中的指针，与之最大的区别是它能在适当的时候自动删除指向的对象。智能指针非常有用，特别是在异常处理方面，因为它可以确保动态分配对象正确销毁。它们还可以用作跟踪多个用户共享的动态分配对象。从概念上说，智能指针看起来像是拥有了这个所指向的对象，因此当不再需要这个对象时可以负责删除这个对象，即释放该对象占用的资源。

实际上，智能指针通常以类的模板的形式定义。smart_ptr 库提供了五个智能指针的类模板，但在 GNU Radio 中，只用到其中的一个：shared_ptr，在<boost/shared_ptr.hpp>中定义。当多个指针指向同一个对象时使用 shared_ptr。

了解了智能指针 Boost 的基本概念后，在 GNU Radio 中如何使用智能指针呢？智能指针的使用主要有如下步骤。

（1）首先需要在文件中包含头文件：<boost/shared_ptr.hpp>。

（2）然后利用 boost::shared_ptr 来定义一个智能指针，定义形式为 boost::shared_ptr<T> pointer_name；这些智能指针的类模板有个模板参数（或称为泛型）T，它表示智能指针所指向的对象的类型。例如，boost::shared_ptr<gr_io_signature>声明了一个智能指针，指向一个类型为 gr_io_signature 的对象。

下面来看 how_to 模板中的 howto_square_ff.h 文件，其中有两段说明，从这两段说明中可以得到一些启发，具体请参考文献[7]。因为 shared_ptr 的这种特点，GNU Radio 用这种指针作为各个 block 的输入/输出端口，这些端口所指向的数据会被多个 block 共享，方便 GNU Radio 进行存储管理。这对于 C++/Python 混合编程非常有帮助。为了保证 GNU Radio 的 block 都使用这种智能指针，howto_square_ff 的构造函数被设计成私有的，但在 howto_square_ff 中设计了一个友元函数，通过该友元函数可以创建一个 howto_square_ff 的对象（因为友元函数可以访问私有构造函数），并将返回指针的数据类型从 raw C++指针映射到智能指针 howto_square_ff_sptr，这样就能确保当 block 创建时使用了 shared_ptr。

4. block 设计中的核心函数：general_work()

在 7.1.2 节中已经提到 general_work()的一些基本概念和函数原型定义，首先它是一个虚函数，在继承的子类中需要重写它才有意义，在这个函数中进行实际的信号处理工作，可以看成 block 的 CPU。

一个 block 可能有 n 个输入流和 m 个输出流。ninput_items 是一个长度为 n 的整型矢量，元素 i 表示第 i 个输入端的输入流个数。对于输出流而言，noutput_items 只是一个整型数，而不是一个矢量，这是因为一些技术上的问题，目前的 GNU Radio 版本只能提供具有相同数据速率的输出流，即所有输出流的 item 个数都必须相同。而输入流的速率可以不同。

input_items 是指向输入流的指针向量，每个输入流一个。output_items 是指向输出流的指针矢量，每个输出流一个。我们用这些指针获取输入数据并将计算后的数据写到输出流中。请特别注意：ninput_items、input_items 和 output_items 这三个参数都是对应的地址值，因此，这三个地址上对应的数据值可以在该函数中进行修改。general_work()的返回值为写入输出流的实际 item 个数或 EOF（对应值为−1）。返回值也可以小于 noutput_items。

最后值得注意的是，在 block 中重写 general_work()时，必须调用方法 consume()或 consume_each()来指明每个输入流消耗的 item 个数。当然，如果 block 派生自 gr_sync_block，就可以免去这些操作。函数 consume()告诉调度器（scheduler）第 i 个输入流（对应参数 which_input）消耗的 item 个数（对应参数 how_many_items）为多少。如果每个输入流的流个数相同，则用函数 consume_each()。它告诉调度器每个输入流消耗的 item 个数(对应参数 how_many_items)。必须在 general_work()中调用方法 consume()或 consume_each()的原因是必须告诉调度器输入流已经消耗的 item 个数，以便调度器安排上级缓冲和对应的关联指针。这两个方法的实现细节比较复杂。我们只要记住，在 GNU Radio 中可以很方便地使用它们，并且在每次重写方法 general_work()时记得调用它们即可。

consume()的原型定义如下。

```
void consume (int which_input, int how_many_items);
```

consume_each()的原型定义如下。

```
void consume_each (int how_many_items);
```

5. 其他函数与成员变量

这些成员函数和成员变量都定义在 gr_block.h 中。

1）forecast()函数
原型定义如下。

```
virtual void forecast(int noutput_items, gr_vector_int &ninput_items_required);
```

forecast()是一个虚函数，主要用于预测，对于给定的输出需求，估计输入的数据需求，第一个参量 noutput_items 在 general_work()中介绍过了，是输出流的流个数。第二个参量 ninput_items_required 是整型矢量，是一个地址值，用来保存输入流的 item 个数。

当在子类中重写函数 forecast()时，在给定每一个输出流产生 noutput_items 个 item 的需求下，需要估计每个输入流的 item 的个数，这个估计不需要很准确，但是要接近。因为参量 input_items_required 是一个传址操作，所以计算出的估计值可以直接保存到这个地址上，并在该函数外部可以获取到这个估计值。

2）d_output_multiple 与 set_output_multiple()函数

成员变量 d_output_multiple 主要是用来对 forecast()和 general_work()的参数 noutput_items 进行约束。即调度器将确保 noutput_items 是 d_output_multiple 的整数倍。d_output_multiple 的默认值设定为 1。

假设打算设计一个 block 类，并且在该类中重写了 general_work()或 forecast()函数，问题是有谁来调用这些方法，怎么调用，传递什么样的实参给 noutput_items，以及谁来做这件事情？这是一个值得强调的关键问题。实际上这些被重写的函数不用开发人员手动调用，调度器会使用适当的参数来调用它们。调度器会根据高层策略和缓冲分配策略安排好一切，并调用这些函数。这有点类似于回调函数的性质，即只需要关心函数实现本身，至于函数怎么被调用，什么时候调用，谁给它传参数，开发者不必过多地了解，这样可以把更多的精力专注于业务本身。所以当设计 block 时也不需要担心它们。

总之，变量 d_output_multiple 告诉调度器 noutput_items 必须是 d_output_multiple 的整数倍。可用函数 set_output_multiple()设置 d_output_multiple 的值。使用函数 output_multiple()获得它的值。这两个函数的实现如下。

```
void gr_block::set_output_multiple (int multiple)
{
if (multiple < 1)
    throw std::invalid_argument("gr_block::set_output_multiple");
d_output_multiple = multiple;
}

int output_multiple () const
{ return d_output_multiple; }
```

3）d_relative_rate 与 set_relative_rate()函数

d_relative_rate 提供了相关数据速率的近似信息。例如，用近似输出速率与输入速率的比值。这个变量的值为缓冲分配器和调度器提供了一些有用的启发信息，可以让缓冲分配器和调度器合理地安排缓冲区的分配并相应地调整参数。对于大多数信号处理模块来说，d_relative_rate 的默认值取 1.0。显然，抽取器（decimator）的 d_relative_rates 值应该小于 1.0，而插值器（interpolator）的 d_relative_rates 值要大于 1.0。可以用方法 set_relative_rate()设置 d_relative_rate 的值，用方法 relative_rate()获取它的值。这两个函数的实现如下。

```
void gr_block::set_relative_rate (double relative_rate)
{
  if (relative_rate < 0.0)
    throw std::invalid_argument ("gr_block::set_relative_rate");
```

```
 d_relative_rate = relative_rate;
}

double relative_rate () const
{ return d_relative_rate; }
```

至此，已经深入了解了类 gr_basic_block 和 gr_block。在这里没有介绍 d_detail 和与它相关的方法。因为它们比较复杂，主要用于内部操作，在设计 block 时很少遇到它们。读者也可以通过进一步阅读源代码来深入理解这些概念。

7.3.2　基于 C++的开发方法

1. 基于模板的开发方法

用C++开发GNU Radio 信号处理模块，如果源码程序(.h、.cc)、编译文件(Makefile)都要自己编写，首先需要很强的专业知识，而且比较烦琐。最简单的方法就是下载一个模板，然后进行简单的修改，得到自己所需要的模块。具体步骤如下。

（1）首先需要从 FTP 站点：ftp://ftp.gnu.org/gnu/gnuradio 下载模板（也可直接从本书作者共享的 360 云盘中获取），即 gr-howto-write-a-block-3.3.0.tar.gz，这样做可以省去一些参数的设置。

（2）然后对所下载的压缩包中的文件名进行修改。假设想要添加名为 test_example_ff 的模块。首先将目录/lib 中 howto_square_ff.h/.cc 和 qa_howto_square_ff.h/.cc 文件的文件名分别修改为 test_example_ff.h/.cc 和 qa_test_example_ff.h/.cc。将目录/swig 中的 howto.i 和 howto_square_ff.i 文件的文件名修改为 test.i 和 test_square_ff.i。

（3）文件名按照需求改完后，需要对文件内容进行修改。主要是修改对应.h/.cc 文件中的类名、构造函数和析构函数的名称以及配置文件中的对应信息。例如，将上述修改文件名的文件中的 how_square_ff 修改为 test_example_ff，然后将上述两个文件夹中的 Makefile.am 和 Makefile.in 文件中的 how_square_ff 也修改为 test_example_ff，qa_howto_square_ff 也类似修改。并将.cc 文件中的核心成员函数（general_work）中的内容按照自己的需求进行修改，而这部分代码也就是决定 block 功能的核心代码。

（4）将所下载模板的根目录下的所有文件中的 howto 均改为 test。

（5）最后在终端中该目录下输入如下代码。

```
sudo ./configure
sudo make
sudo  make check
```

最后一个指令看是否有错误发生，若没有错误则可以把这个模块安装到 GNU Radio 的安装目录中，使用的指令如下。

```
sudo make install
```

这样就可以在系统中添加一个名为 test_example_ff 的 block,值得注意的是在 GNU Radio 3.4.2 的版本中又添加了一个新命令,可以使添加新模块的步骤更加简洁。以上面的模块为例,使用指令 create-a-new-block-out-of-tree test,会将上面下载的文件夹中的所有文件中的 howto 自动替换为 test,这样第(4)步就可以省略。这个命令的参数实际上是一个 package 的名字,其作用就如同 gr_。

2.　如何将 C++与 Python 黏合起来

SWIG 就像胶水一样把使用 C++编写的 block 和 Python 语言黏合在一起,使得 Python 可以直接调用 block。而.i 文件就是告知了 SWIG 黏合的方法。.i 文件可以看成.h 文件的缩减版本,非常神奇地把 Python 和 boost::shared_ptr 结合在一起。为了不使代码显得臃肿,在.i 文件中只声明那些 Python 需要使用的函数。以 howto_square_ff 模块为例进行说明,howto_square_ff.i 的主要内容如下。

```
/*
 * First arg is the package prefix.
 * Second arg is the name of the class minus the prefix.
 *
 * This does some behind-the-scenes magic so we can
 * access howto_square_ff from python as howto.square_ff
 */
GR_SWIG_BLOCK_MAGIC(howto,square_ff);
howto_square_ff_sptr howto_make_square_ff ();
class howto_square_ff : public gr_block
{
private:
  howto_square_ff ();
};
```

这里的 GR_SWIG_BLOCK_MAGIC 做了一些工作使得我们能够从 Python 中接入 howto_square_ff。从 Python 的角度,howto 是一个 package,而 square_ff()为 howto 中定义的函数。调用此函数将返回一个智能指针 howto_square_ff_sptr,该智能指针指向新的 howto_square_ff 实例。

3.　自动化工具

GNU Radio 版本 3.6 之前所用的工具是自动化工具(autotool)进行相关的编译工作,主要是为了减少与 Makefile 有关的代码编写,也为了提高跨系统的可移植性,使用了 GNU 中的 automake、autoconf 和 libtool 工具。它们三者合在一起称为 autotools。

1）automake

automake 和 configure 将共同生成 Makefile，Makefile.am 是 Makefile 的一种更高级的描述方式。Makefile.am 描述了要构建的库和程序，以及源文件。automake 读入 Makefile.am 生成 Makefile.in 文件。configure 读入 Makefile.in 文件生成 Makefile 文件。生成的 Makefile 包含着成千上万的规则（rule），这些规则用来做如下的事情：构建、检查和安装代码。通常，生成的 Makefile 是 Makefile.am 代码量的 5～6 倍。

2）autoconf

autoconf 读取 configure.ac，并产生 shell 配置脚本文件。configure 自动测试系统的特性，从而设置为数众多的变量和定义，这些变量和定义主要是用于配置文件和 C++ 代码，从而对模块的构建进行控制。如果有条件没有满足，如发现缺少某个依赖的库文件，configure 将输出错误信息并停止运行。

3）libtool

libtool 工作在后台，主要用于创建共享库。

4. 用 gr_modtool 开发 out-of-tree 模块

鉴于 CMake 工程管理工具更加方便，所以从 3.6 版开始基本都支持 CMake 工具编译，一般判断是否使用的是 CMake 管理工具的依据就是看相关文件夹下有没有 CMakeLists.txt 文件。另外，需要注意的是 3.7 版本跟 3.6 版本相比只是在源码包里没有 gr-howto-write-a-block，得先自己生成。所以 3.7 版本的模板生成需要借助于 gr_modetool 工具，在本书中也对 3.7 版基于模板的信号处理模块的开发进行简要的说明。

out-of-tree 模块[8]是指不存在于 GNU Radio 安装系统中的信号处理模块，通常是指自己开发的信号处理模块。

开发一个模块的时候涉及很多单调和枯燥的工作：模板代码、Makefile 文件的编辑等，gr_modtool 作为一个脚本，旨在帮助这些所有的事情自动生成，尽可能地为开发者做更多的工作，这样可以使得开发人员将更多的精力集中在核心业务的编码上。假设创建一个新模块，名字为 square_ff，模块的功能是对浮点输入信号平方后输出。使用 gr_modtool 开发的主要步骤如下。

（1）在终端进入主文件夹（/home/gnuradio/gr-utils/python/modtool）。

（2）创建模块的包（package）目录结构，输入$gr_modtool newmod howto（这里以 howto 为例，howto 为包名），主文件夹下就生成一个 gr-howto 的目录。我们的目标是要整理好这个模块，把我们写好的其他东西放到里面，最终形成 howto Python 模块。这样就允许我们在 Python 中用如下的代码来访问它。

```
import howto
sqr = howto.square_ff()
```

（3）在包目录中自动创建相关文件，在终端进入 gr-howto 文件夹，输入$gr_modtool add -t general square_ff，注意命名的规范。指令的含义是：在模块的包中指定要添加一个 block，它的类型是 general，block 的功能是算平方（即 square），该 block 的输入、输出类型均为单精度浮点型（即 float）。指令执行完后就会生成相应的代码文件：square_ff_impl.h、square_ff_impl.cc、square_ff.h、qa_square_ff.py 以及 howto_square_ff.xml 等。

（4）如果想要自己的 block 按照功能要求来工作，则必须要编写相关的 C++文件。因为编写功能太简单，因此，头文件不需要修改，进入 lib 文件夹，修改 square_ff_impl.cc 文件，构造函数不需要修改，因为输入流的 item 和输出的 item 是相等的，都是 1，因此 forcast 函数的定义也很简单，代码如下所示。

```
void square_ff_impl::forecast (int noutput_items, gr_vector_int
&ninput_items_required)
{
  ninput_items_required[0] = noutput_items;
}
```

（5）最关键的函数是 general_work()，这是 gr_block 类中的一个纯虚函数，所以一定要重写，在该函数中实现功能需求。代码如下。

```
int square_ff_impl::general_work (int noutput_items,
gr_vector_int &ninput_items,
gr_vector_const_void_star &input_items,
gr_vector_void_star &output_items)
{
const float *in = (const float *) input_items[0];
float *out = (float *) output_items[0];
for(int i = 0; i < noutput_items; i++)
{
out[i] = in[i] * in[i];   //计算平方
}
//告诉运行时系统每一个输入流需要消耗多少个 items
consume_each (noutput_items);
//告诉运行时系统执行完后会产生多少个输出 items
return noutput_items;
}
```

（6）编写完.cc 文件后，进入 gr-howto 文件夹，新建文件夹：$mkdir build。
（7）进入 build 文件夹：$cd build，开始编译。

```
$cmake ../   #如果你的系统中没有装 CMake，终端会提示安装
$ make   #开始构建 block
```

如果修改了 CMakeLists.txt 文件，则需要重新运行 CMake。

（8）最后需要安装该模块，进入 build 目录，$cd build/。执行指令$sudo make install。如果使用的是 Ubuntu，则可能还需要调用 ldconfig，整理一下依赖关系。执行指令$sudo ldconfig。在 Ubuntu 系统上执行该指令后会更新库。

在安装模块之前，还有一个可选的步骤，即模块测试：$make test，检查所编写模块的正确性，为了让 CMake 实际知道这个测试存在，需要修改 CMakeLists.txt 文件，并做好一些准备工作。详情请参考文献[8]。

另外，值得注意的是，如果想让模块在 GNU Radio companion 中也是可用的，则需要在 grc 文件夹中添加对应的 XML 描述文件。gr_modtool 有一个功能，可以帮助建立模块对应的 XML 文件。gr-howto 目录下输入$gr_modtool makexml square_ff，这样就会在 grc 目录下生成 howto_square_ff.xml。一般情况下，gr_modtool 不能找出所有的参数本身，这个时候就不得不手工修改相应的 XML 文件。

7.3.3　第一个模块

本书以 GNU Radio 3.4.2+Ubuntu 10.10 作为软件开发平台，下载模板 gr-howto-write-a-block-3.3.0.tar.gz，并解压，步骤可以按照 7.3.2 节中的内容来做，从而可以正式开始我们的模块开发之旅。为了简单起见，首先只做一些简单的工作：计算输入流为浮点数的加法器，即相当于输入的数值乘以 2，表达式为 $y[n]=x[n]+x[n]$。该模块的详细开发过程如下。

1. 重命名模块

把整个 gr-howto-write-a-block-3.3.0 重命名为 test_example。在这个目录下，需要改动的文件一共有 6 个，如表 7-4 所示。

表 7-4　需要修改文件说明

需要修改的文件	修改方式
test_example/lib/howto_add_ff.h	新建
test_example/lib/howto_add_ff.cc	新建
test_example/swig/ howto_add_ff.i	新建
test_example/lib/howto.i	修改
test_example/lib/Makefile.am	修改
test_example/python/ qa_howto.py	修改

实际上，修改.h 和.cc 文件，就是一个创建自己的函数模块的过程。可以设计自己的接口参数，在 general_work()部分用 C++语言实现自己需要的功能。

2. 编写 howto_add_ff.h

把目录中的 howto_square_ff.h 另存为 howto_add_ff.h。把文件中所有的 square_ff

替换为 add_ff，注意区分大小写。由于我们的功能非常简单，因此不需要修改或新增
函数接口。

3. 编写 howto_add_ff.cc

把 howto_square_ff.cc 另存为 howto_add_ff.cc。把文件中所有的 square_ff 替换为
add_ff，注意区分大小写。然后修改文件中 general_work 函数的功能，把乘法改成加
法，示例代码如下。

```
int howto_add_ff::general_work (int noutput_items,
gr_vector_int &ninput_items,
gr_vector_const_void_star &input_items,
gr_vector_void_star &output_items)
{
  const float *in = (const float *) input_items[0];
  float *out = (float *) output_items[0];
  for (int i = 0; i < noutput_items; i++)
  {
    out[i] = in[i] + in[i]; //这是我们的功能实现代码
  }
...
}
```

4. 修改 howto.i 文件

修改这个文件的目的是把 C++和 Python 联系在一起。首先把 howto_add_ff.h 头文
件包含进去，即#include "howto_add_ff.h"。

5. 编写 howto_add_ff.i

把 howto_square_ff.i 另存为 howto_add_ff.i。把文件中所有的 square_ff 替换为
add_ff，注意区分大小写，代码如下。

```
GR_SWIG_BLOCK_MAGIC(howto,add_ff);
howto_add_ff_sptr howto_make_add_ff ();
class howto_add_ff : public gr_sync_block
{
  private:
  howto_add_ff ();
};
```

6. 修改 Makefile.am 文件

Makefile.am 文件是用来产生 Makefile 的。因此要把编译需要的.h 和.cc 文件添加
进去。

添加头文件代码如下。

```
# C/C++ headers get installed in ${prefix}/include/gnuradio
grinclude_HEADERS = \
howto_square_ff.h \
howto_square2_ff.h \
howto_add_ff.h
```

添加.cc 文件代码如下。

```
# additional sources for the SWIG-generated library
howto_la_swig_sources = \
howto_square_ff.cc \
howto_square2_ff.cc \
howto_add_ff.cc
```

7. 模块构建

回到 test_example 目录下，执行以下指令。

```
$ ./bootstrap
$ ./configure
$ make
```

8. 修改 qa_howto.py 文件，进行模块测试

这个步骤是可选的，主要是为了检验模块编写得是否正确，有一个 qa_howto.py 文件专门用来做测试。在 test_example/python/qa_howto.py 文件中的代码 if __name__ == '__main__':的上面添加一段测试代码。

```
def test_003_add_ff (self):
src_data = (-3, 4, -5.5, 2, 3)
expected_result = (-6, 8, -11, 4, 6)
src = gr.vector_source_f (src_data)
sqr = howto.add_ff ()
dst = gr.vector_sink_f ()
self.tb.connect (src, sqr)
self.tb.connect (sqr, dst)
self.tb.run ()
result_data = dst.data ()
self.assertFloatTuplesAlmostEqual (expected_result, result_data,6)
```

然后在 test_example 下运行。

```
$ make check
```

或者在 test_example/src/python 下直接运行 Python 文件。

```
$ ./qa_howto.py
```

如果程序没有错误，就会看到以下结果。

```
Ran 3 tests in 0.005s
OK
PASS: run_tests
==================
All 1 tests passed
==================
```

不过，在实际开发中有些测试程序必须以前面模块的输出为输入。因此，通常的做法是先在命令行窗口中执行 make install 指令以后，再在开发的流图中测试。

9. 模块安装

测试通过后，就可以把这个模块安装到 GNU Radio 的安装目录中了。

```
$ make install 或 sudo make install
```

上面的过程是在 howto 这个 package 中进行的，只是新建和修改了一些文件，但是在使用的时候引用仍然为 howto.add_ff。如果不希望用 howto 这个名字，就必须要创建自己的 package。现在我们创建一个 test_example 包。

1）去掉模板中与 block 不相关的文件与内容

把 test_example/lib 目录下不相关的文件 howto_square_ff 和 howto_square2_ff 删掉。将 howto.i、Makefile.am 和 qa_howto.py 中不相关的内容也删掉，只留下 howto_add_ff。

2）重命名自己新建的文件

把 howto_add_ff.h、howto_add_ff.cc、howto.i 文件重命名为 test_example_add_ff.h、test_example_add_ff.cc、test_example.i。

3）把剩下的所有文件中的 howto 替换为 test_example

实际上，本章 7.3.2 节已经提到过，在 GNU Radio 3.4.2 的版本中可以使用指令 create-a-new-block-out-of-tree test_example，会将上面文件夹中的所有文件中的 howto 自动替换为 test_example。这样就会大大减轻工作量。

4）构建、测试和安装

在终端输入如下指令。

```
$ ./bootstrap
$ ./configure
$ make check
```

会得到测试输出。

```
Ran 1 tests in 0.001s
OK
PASS: run_tests
==================
All 1 tests passed
==================
```

上面的输出信息说明没有问题，接着就可以安装。

```
$ make install
```

经过上面的步骤，一个新的 test_example 包就创建好了，它里面只有一个函数称为 add_ff。在 Python 脚本中，可以这样使用它。

```
import test_example
...
my_add = test_example.add_ff()
```

7.4　图形界面的使用

本节将结合一个经典的例子：基于 GUI 的 FM 接收机的实现，来说明 GNU Radio 中基于 wxPython[9]的图形界面的使用方法。

首先来复习一下，因为 GNU Radio 系统中对性能要求很高的信号处理模块部分由 C++语言来实现，而高级的组织、连接和黏合操作都由 Python 来实现。因此，GNU Radio 架构的组织形式有点类似 TCP/IP 协议栈的层次模型，底层向上层提供服务，而上层则不需要关注底层的实现细节，只需要了解底层给上层提供的接口功能和调用方式即可。而从 Python 的角度看，它要做的就是选择合适的信源、信宿和处理模块，设置正确的参数，然后将它们连接起来形成一个完整的应用程序。因此，在开发 GNU Radio 应用时要记住一个原则：在 Python 层面上要做的只是先设计好一个信号流向图，然后用 Python 将它们连接起来，当然有时还需要用到 GUI。

下面将要介绍的这个例子基于 GUI 工具实现了一个 FM 接收机。FM 信号被 USRP 接收下来，然后在 USRP 和计算机中进行处理。最终解调的信号通过声卡播放出来，整个设计对天线没有特别的要求。只要插入一根铜线到 Basic RX 子板就可以接收到质量很高的 FM 信号。代码可以在 gnuradio-examples/python/usrp/usrp_wfm_rcv.py 中找到。

最感性直接的信号分析方式就是用图像来显示它，包括时域和频域。在实际的研发工作中，有频谱分析仪和示波器可以帮助我们。在软件无线电领域，我们为有 wxPython 这样一个优秀的工具而感到高兴，它提供了一个非常灵活的方式来构建 GUI 工具。本节将介绍基于 wxPython 的 GUI 工具的使用方法，并介绍如何利用 GNU Radio

强大的 GUI 工具，显示和分析信号，并可以仿真频谱分析仪和示波器。然后讨论如何使用 Python 中的命令行参量。

1）频谱分析仪

请看 usrp_wfm_rcv.py 中的以下代码。

```
if 1:
self.src_fft = fftsink2.fft_sink_c(self.panel, title="Data from USRP",
fft_size=512, sample_rate=usrp_rate,
ref_scale=32768.0, ref_level=0, y_divs=12)
self.connect (self.u, self.src_fft)
vbox.Add (self.src_fft.win, 4, wx.EXPAND)
```

这就是软件频谱分析仪，它是基于数字序列 FFT 的。频谱分析仪模块通常作为 sink 模块。这就是为什么要将它命名为 fft_sink 的原因。它是在模块 wxgui.fftsink2.py 中定义的。文件路径为 gr-wxgui\src\python\fftsink2.py。

2）示波器

另一个重要的 GUI Radio 是软件示波器 scope_sink。在这个例子中没有用到它，但如果想在时域观察信号波形，它非常有用。它的使用方法与 fft_sink 非常相似。例如，可以看一下 gr-utils/src/python/usrp_fft.py 中的这一段。

```
elif options.oscilloscope:
    self.scope = scopesink2.scope_sink_c(panel,sample_rate=input_rate)
```

这一段代码的功能就是直接把时域波形显示在软件示波器的屏幕上。

3）wxPython 的工作原理

现在来了解一些有关 wxPython 的知识[10]，wxPython 是一个 GUI 工具箱。感兴趣的读者可以访问 wxPython 的网站或在线教程以获得更多信息[10,11]。

首先要做的是导入所有 wxPython 部件到当前工作空间，也就是 import wx。每一个 wxPython 都要从 wx.App 继承一个类，并为这个类生成一个方法 OnInit()。系统将调用这个方法作为它启动 / 初始化（startup/initialization）过程的一部分，用 wx.App.__init()__ 来实现。OnInit() 的主要目的是创建框架、窗口等元素来使得程序得以运行。在定义了这样一个类后，需要实例化这个类的一个对象，并通过调用它的方法 MainLoop() 来启动这个应用程序，方法 MainLoop() 的作用是处理事件。在 FM 接收机的例子中，类在哪里定义呢？请看下面的代码。

```
...
from gnuradio.wxgui import stdgui2, fftsink2, form
import wx
...
```

```
if __name__ == '__main__':
app = stdgui2.stdapp (wfm_rx_block, "USRP WFM RX")
app.MainLoop ()
```

实际上，这个类称为 stdapp，在导入 stdgui2 模块时就创建了。在所有 wxPython 应用程序中，最后两行都是相同的。这里只是简单地创建了一个应用程序类的实例，接着调用它的方法 MainLoop()。MainLoop()是应用程序的核心，用来处理事件和分配事件到各个应用程序窗口。

在上面的代码中，"if __name__ == '__main__':"代码的含义是这样的：当导入一个模块时，会在模块名称空间创建 "__name__" 来存放模块文件的名称。所以模块导入时，解释器会忽略测试代码，因为模块的名称 "__name__" 怎么也不会变成 "__main__"。然而，如果像可执行文件一样直接运行这个模块，像./ usrp_wfm_rcv.py 或者用./python usrp_wfm_rcv.py 去运行脚本，而不是导入，那么模块的名称空间就是全局的。Python 自动将 "__name__" 设为 "__main__"。这样，if 后面的代码就将生效。当然，系统在后台还做了一些事情，下面是 gx-wxgui/src/python/stdgui2.py 中 stdapp、stdframe 的定义。

```
class stdapp (wx.App):
  def __init__ (self, top_block_maker, title="GNU Radio", nstatus=2):
  self.top_block_maker = top_block_maker
  self.title = title
  self._nstatus = nstatus
  # All our initialization must come before calling wx.App.__init__.
  # OnInit is called from somewhere in the guts of __init__.
  wx.App.__init__ (self, redirect=False)

  def OnInit (self):
  frame = stdframe (self.top_block_maker, self.title, self._nstatus)
  frame.Show (True)
  self.SetTopWindow (frame)
  return True
```

stdapp 是继承自 wx.App 的类。它的初始方法__init__()有两个参量：top_block_maker 是属于流图的一个类；title 是整个应用程序的标题（本例中是 WFM RX）。在方法 OnInit()中，这两个参量进一步用于创建 stdframe 对象。

```
class stdframe (wx.Frame):
  def __init__ (self, top_block_maker, title="GNU Radio", nstatus=2):
   # print "stdframe.__init__"
   wx.Frame.__init__ (self, None, -1, title)
```

```
    self.CreateStatusBar (nstatus)
    mainmenu = wx.MenuBar ()

    menu = wx.Menu ()
    item = menu.Append (200, 'E&xit', 'Exit')
    self.Bind (wx.EVT_MENU, self.OnCloseWindow, item)
    mainmenu.Append (menu, "&File")
    self.SetMenuBar (mainmenu)

    self.Bind (wx.EVT_CLOSE, self.OnCloseWindow)
    self.panel = stdpanel (self, self, top_block_maker)
    vbox = wx.BoxSizer(wx.VERTICAL)
    vbox.Add(self.panel, 1, wx.EXPAND)
    self.SetSizer(vbox)
    self.SetAutoLayout(True)
    vbox.Fit(self)

def OnCloseWindow (self, event):
    self.top_block().stop ()
    self.Destroy ()

def top_block (self):
    return self.panel.top_block
```

　　我们通过上面的代码来了解一下 wxPython GUI 的布局。在 wxPython 中，wx.Window 能在计算机屏幕上创建一个显示空间。因此 wx.Window 是一个基类，所有可视元素都继承自它——包括输入域、下拉菜单、按钮等。类 wx.Window 定义了所有可视 GUI 元素的公共行为，包括 positioning、sizing、showing 和 giving focus 等。如果要创建一个对象在屏幕上表示一个窗口，则不要用 wx.Window，而要用 wx.Frame 类，因为 wx.Frame 继承于 wx.Window。而且它可实现所有的行为，特别是屏幕上的窗口行为。一个 Frame 就是一个带框架的窗口，用户可以改变它的大小和位置。它通常带有粗的边框和一个标题栏，并可以随意放置菜单栏、工具栏和状态栏（这是 Frame 的特征）。这个 Frame 可以容纳任何窗口，但这个窗口不是一个 Frame 或者对话框。因此要在屏幕上创建一个窗口，可以创建一个 wx.Frame（或者它的一个子类，如 wx.Dialog），而不是创建 wx.Window。

　　在这个框架内需要用很多 wx.Window 的子类（即一些基本的界面组件类）去充实这个框架的内容，如 wx.MenuBar、wx.StatusBar、wx.ToolBar 等，还有 wx.Control 的一些子类，如 wx.Button、wx.StaticText、wx.TextCtrl、wx.ComboBox 等，或者 wx.Panel，它可以容纳各种 wx .Control 对象。所有可视元素（wx.Window 对象和它们的子类）都

可以包含子元素（sub-element）。一个 wx.Frame 可以包含很多 wx.Panel 对象，而 wx.Panel 又依次包含大量的 wx.Button、wx.StaticText 和 wx.TextCtrl 的对象。这种编程方式与 Java 中的 GUI 编程类似，对 Java 比较熟悉的读者会很容易理解。

在本例中，stdframe 是 wx.Frame 的子类，用于创建一个框架窗口。这里用 frame.Show（True）来显示这个框架。方法 self.SetTopWindow（frame）告诉我们这个框架是应用程序的主框架中的一个（本例中只有一个主框架）。请注意，wx.Frame 的构造函数的形式如下。

```
wx.Frame(parent, id, title)
```

wxPython 的大多数构造函数都有如下的形式：parent 作为第一个参数，id 作为第二个参数。如本例中所示，None 和–1 都可能作为默认的参数，这表示对象没有 parent，并且有一个系统定义的 id。在 stdframe.__init__()中，我们创建了一个面板（panel）并放置在框架内部。

```
self.panel = stdpanel (self, self, top_block_maker)
```

值得注意的是，面板的 parent 是刚刚创建的框架对象，意味着这个面板是框架的子元件（sub-component）。框架利用一个 wx.BoxSize 即 vbox 把面板放置在其内部。wx.BoxSizer 的基本概念是窗口可以以简单的几何图形展开，经典的形式是一行、一列或嵌套。一个 wx.BoxSizer 会将它的项目排列成一行或一列，这取决于传递到构造函数的目标参数。代码如下。

```
hbox = wx.BoxSizer(wx.HORIZONTAL)
```

这句告诉构造函数这个 sizer 是水平摆放的。

代码中还有一个 vbox，它是这个应用程序窗口的主框架，是垂直摆放的。

```
vbox = wx.BoxSizer(wx.VERTICAL)
```

对于一个 sizer，最重要、最有用的方法是 add()，它可以附加一个项目给 sizer。它的句法如下。

```
Add(self, item, proportion=0, flag=0)
```

对应的代码如下。

```
vbox.Add(self.panel, 1, wx.EXPAND)
```

参数 item 就是要附加给 sizer 的项目，通常是一个 wx.Window 项目。它也可以是一个 child sizer。proportion 与 sizer 的子 sizer（child）能否在 wx.BoxSize 的主方向上改变它的大小有关。关于 flag，wx 中定义了很多标志（flag），它们用于确定 sizer 项目（item）的行为和窗口的边界。例子中的 wx.EXPAND 表示其中的项目会铺满整个空间。

现在来考虑另一个问题：我们定义了一个 "大" 类 wfm_rx_block，但是该在哪里使用它？为什么从未创建这个类的实例？其中的秘密与 stdpanel.__init__()有关。wfm_rx_block 的实例在这里被创建，同时流图也被启动。

```
class stdpanel (wx.Panel):
  def __init__ (self, parent, frame, top_block_maker):
    # print "stdpanel.__init__"
    wx.Panel.__init__ (self, parent, -1)
    self.frame = frame
    vbox = wx.BoxSizer (wx.VERTICAL)
    self.top_block = top_block_maker (frame, self, vbox, sys.argv)
    self.SetSizer (vbox)
    self.SetAutoLayout (True)
    vbox.Fit (self)
    self.top_block.start ()
```

我们在框架中放置了一个面板，但是在面板中放置什么呢？首先为面板创建一个新 sizer vbox。接着创建 top_block_maker 的实例，而 vbox 作为传递给它的参数（同时还有框架和面板本身）。在 wfm_rx_block.__init__()中，vbox 将利用 vbox.Add()附加一些频谱分析仪或示波器（wx.Window 对象）到 sizer。然后，面板利用 sizer vbox 确定所有子窗口的位置和大小。最后，用 self.top_block.start()启动流图，相应的数据会动态地显示在屏幕上。回头再看下 FM 接收机的代码。

```
if 1:
    self.src_fft = fftsink2.fft_sink_c(self.panel, title="Data from USRP",
fft_size=512, sample_rate=usrp_rate,
        ref_scale=32768.0, ref_level=0, y_divs=12)
    self.connect (self.u, self.src_fft)
    vbox.Add (self.src_fft.win, 4, wx.EXPAND)
```

从上面的代码可知面板是作为 fft sink 的 parent 被传递给 fft_sink 模块的。于是 fft_sink 的输出就显示在面板上了。

实际上，另一个称为 Numeric 的 Python package 也很有用。然而，我们不需要知道所有的细节。只要知道在 Python 层面它是如何与 wxPython 以及其他 block 相配合的就足够了。

7.5　外部库文件的使用

有时候我们有一些已经编写好的算法，很复杂，不愿意在 GNU Radio 里再写一遍 block；又或者想利用一些现成的写得非常好的库，如 IT++。那么就可以用外部库文件，把外部程序封装成一个 block。

例如，要使用的库文件称为 libspectrum_sensing.so，头文件是 spectrum_sensing.h。我们要把它用到一个称为 example_detection_cf.cc 的 block 中，那么可以按照下面的步骤进行。

（1）修改 block 的头文件。

在需要调用.so 的 block 的头文件（example_detection_cf.h）中加入 spectrum_sensing.h。

```
#include "spectrum_sensing.h"
```

若.so 是用 C 语言写的，且用 GCC 编译的，则在 include 的时候要特别注意。

```
extern "C"
{
    #include "spectrum_sensing.h"
}
```

表示要使用的这个动态库是 C 语言的库文件。这样接下来编译整个 package 的时候，GCC 才不会出错。

（2）修改 block 的 C 文件。

在 example_detection_cf.cc 中直接调用 spectrum_sensing.h 中定义的函数。把需要的头文件（spectrum_sensing.h 以及它所 include 的其他头文件）放在适当的地方，如本地目录 topdir/lib 中，或者/root/gr/include 中，还可以在 Makefile.am 文件中的 INCLUDES 变量后面添加存放头文件的目录。总之就是让编译程序能够找到它需要的头文件。

（3）修改 Makefile.swig.gen 文件。

把 libspectrum_sensing.so 复制到 root/gr/lib 下，并在 topdir/src/lib 下的 Makefile.swig.gen 中_example_la_LIBADD 变量后面添加-lspectrum_sensing，表示 example 要链接 libspectrum_sensing.so 库。在 make 完成之后，可以用如下命令。

```
ldd _example.so
```

查看到_example.so 与 libspectrum_sensing.so 有链接。

（4）构建与安装。

```
./configure
make install
```

7.6 Octave 和 MATLAB 的使用

7.6.1 Octave 的使用

1）认识 Octave

Octave[11,12]最初被开发时只是一款用于教学的辅助程序。当前 Octave 项目的开发由 Eation 领导并遵循 GNU 通用公共许可证（GNU General Public Licence，GNU-GPL）发布。Octave 与科研和工程中普遍使用的 MATLAB 基本兼容，因此，其易用性也越来越好。Octave 还是一款用于数值计算和绘图的开源软件。和 MATLAB 一样，Octave 尤其精于矩阵运算：求解联立方程组、计算矩阵特征值和特征向量等。在许多的工程实际问题中，数据都可以用矩阵或向量表示出来而问题转化为对这类矩阵的求解。另外，Octave 能够通过多种形式将数据可视化，并且 Octave 本身也是一门编程语言而易于扩展。因此，可以称 Octave 是一款非常强大的可编程可视化计算程序。Octave 让解决很大范围内的数值问题变得简单，可以让使用者将主要的精力集中在实验本身的思考和问题的解决上。

Octave 使用 gnuplot 作为绘图引擎。除了 gnuplot 所提供的简单命令集之外，Octave 还为进行数学编程提供了一种丰富的语言。可以使用 C 语言或 C++语言编写自己的应用程序，然后与 Octave 进行交互。

Octave 的官方网站为 http://www.gnu.org/software/octave，Octave 同时支持 Linux 和 Windows 系统。Octave 本身提供的功能如果觉得不够，可以试着从 http://sourceforge.net/projects/octave/files 上找到相应的包，如果不习惯直接用 Octave 终端，可以用 GUI Octave，界面比较友好，还包含 MATLAB 对应的 m 文件的编辑器[13]。

2）Octave 的安装与配置

Octave 是 GNU Radio 平台上最流行的分析工具，在 GNU Radio 软件包中也包含了一组 Octave 的脚本来读取和从语法上分析数据。MATLAB 是非开源且昂贵的软件工具，恰恰相反，Octave 是开源的。那么如何安装 Octave 呢？

可以从源码来安装 Octave，或者在 Ubuntu 内使用如下命令。

```
sudo apt-get install octave
```

为了 GNU Radio 的 Octave 脚本能够被直接使用，必须在 Octave 的路径变量中添加 GNU Radio 的路径。这可以通过配置～/.octaverc 文件很容易地完成。查看清楚 GNU Radio 的路径/home/username/gnuradio/。然后把如下内容添加到～/.octaverc。

```
addpath("/home/username/gnuradio/gnuradio-core/src/utils/")
```

3）基于 Octave 的数据分析

从语法上分析 GNU Radio 的数据输出，最便捷的方法是使用 GNU Radio 提供的脚本。确保已经按照安装指导中的说明，将 GNU Radio 脚本的路径添加到了 Octave 路径中。这便可以帮助读取那些利用 gr.file_sink(size, filename)函数存储到磁盘的数据[14]。

下面的函数是基于 gr.file_sink 参数 size 的，每种方法都将文件名作为第一个参数，第二个参数是可选的，用来指定将要从文件中读取数据的长度。

```
read_complex_binary(): gr.sizeof_gr_complex
```

```
read_float_binary(): gr.sizeof_float
read_int_binary(): gr.sizeof_int
read_short_binary(): gr.sizeof_short
read_char_binary(): gr.sizeof_char
```

例如，在 Python 脚本中，使用 gr.file_sink(gr.sizeof_gr_complex, "capture.dat")获取 64 位的复合数据如下。

```
c=read_complex_binary('capture.dat');
```

从 USRP 直接能获取的数据是以 32 位复合数据形式存储的，而不是 64 位复合型（gr.sizeof_gr_complex）。为了能读取此数据，首先使用 read_short_binary()，然后再将其分割成二维矢量，具体如下。

```
d=read_short_binary(data);
c=split_vect(d,2);
```

4）基于 Octave 的作图（plotting）

为了在 Octave 中能够画图，最简单的方法就是用 gnuplot[15]。可以通过源来安装 GNU plot 或者从 Ubuntu 中键入如下命令来安装。

```
sudo apt-get install gnuplot
```

如果想同时画出 I、Q 两路数据随时间变化的情况，那么就应分别绘图。

```
plot([real(c), imag(c)]);
```

如果想得到 I/Q 图（X 轴是 I 路，Y 轴是 Q 路），则可以使用如下命令。

```
plot(c);
```

7.6.2　MATLAB 的使用

除了 Octave 外，MATLAB 也可以胜任同样的工作。

1. 用 File Sink 来工作

GNU Radio 也给用户提供了在流图的任何端点通过使用文件信宿（File Sink）保存数据到一个二进制文件的能力。结果文件可以在流图运行完后被读取，并且这些文件对于调试复杂的流图是有用的，如图 7-1 所示。

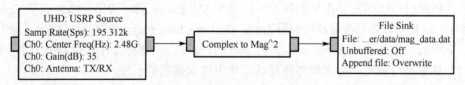

图 7-1　File Sink 模块使用示例

　　File Sink 模块使用标准输入输出接口将原始采样数据写到一个文件中。默认情况下，在将采样数据写入文件之前将被事先缓冲。如果仅有少量的数据进入 File Sink，那么可能发现在流图停止后文件将是空的，因为数据被缓冲到缓冲区没有来得及写入文件。在这种情况下，可以使用 unbuffered 属性。这会绕过缓冲操作而直接将所有的采样数据写到文件中。另外，值得注意的是：GNU Radio 中使用文件的绝对路径。如果移动流图到另外的目录或机器，必须要确保修改文件路径。

　　文件信宿模块名：gr.file_sink。用法的原型如下。

```
gr.file_sink ( size_t itemsize, const char * filename )
```

　　在实际应用中，gr.file_sink 用于向文件写入数据流。文件名由 filename 指定。第一个参量 itemsize 决定了输入数据流的数据类型，如 gr_complex（复数型）、float（浮点型）、unsigned char（无符号字符型）。在 Python 中这样使用此 block。

```
src = gr.file_source (gr.sizeof_char, "/home/dshen/rx.dat")
```

2. 从 GNU Radio 到 MATLAB

　　任何 block（包括 USRP）的输出都能够被存储到一个数据文件中。可以插入如下的指令到 Python 脚本中。

```
audiodata = gr.file_sink(gr.sizeof_float, "audio.dat")
self.connect(src0, audiodata)
```

　　上面的代码会创建一个名字为 audiodata 的信宿（sink），数据将存储到一个命名为 audio.dat 的文件中。然后这个信宿与信源或块连接起来，源或块将输出收集的数据。在这个例子中使用 src0 表示信源。使用 audiodata = gr.file_sink(gr.sizeof_complex, "audio.dat")获取从信源或块输出的复（complex）数据。

　　接下来的工作是将从 GNU Radio 中获得的二进制文件转换成 MATLAB 可读的格式，因为以上获取的文件中包含的都是二进制的数据，这种数据格式的文件 MATLAB（或 Octave）无法读取。在 gnuradio-core/src/utils 中有一组.m 文件，这些文件执行必要的转换。如果二进制文件中包含的是浮点型数据则使用 read_float_binary.m，如果一个二进制文件中包含复数据，则使用 read_complex_binary.m。

　　在 Octave 中，首先要告诉 Octave 这些.m 脚本文件的位置。

```
addpath("/home/username/gnuradio/gnuradio-core/src/utils/")
```

　　然后执行如下指令进行转换。

```
audio1 = read_float_binary('audio.dat');
```

　　执行完后将结果数据以矩阵的形式存在，命名为 audio1。得到该转换数据后，可以在 Octave 中创建该数据图（前提是已经安装 Gnuplot），指令是 plot(audio1)。如果想让该数据也可以在 MATLAB 中使用，则还需要进行一步操作：保存该 audio1 为一个 MATLAB 可读的数据。在 Octave 中执行如下指令。

```
save ("-v7", "audio2.mat", "audio1")
```

注意：v7 是 MATLAB 中使用最普遍的.mat 文件中的一种数据格式。此时文件 audio2.mat 就可以导入 MATLAB 中读取绘图了。

3. 从 MATLAB 到 GNU Radio

假设在 MATLAB 中针对上面的 audio2.mat 文件中的数据进行一些相关的处理，现在，想将这些处理的数据写入一个.bin 文件中以便在 GNU Radio 中进一步处理[16]。假设需要转换的文件格式为 audio3.bin，则需要如下步骤。

（1）在 MATLAB 终端输入如下代码：fid = fopen('//audio3.bin', 'w')。

（2）此时一个命名为 audio3.bin 的文件在当前目录下被创建。

（3）假设包含了处理后数据的文件是 audio_proc，执行以下指令：fwrite(fid, audio_proc , 'float32')，此时，想要的数据就保存到 audio3.bin 文件中了。

（4）调用 fclose(fid)指令关闭文件。

再举一个例子，假设想要在 MATLAB 中创建一个振幅为 0.5，频率为 300Hz 的正弦信号，然后在 GNU Radio 中以每秒 48KS/s 的采样频率进行播放。步骤如下。

（1）用来创建正弦信号的 MATLAB 代码命名为 tone_300，将用到一个.m 文件中的 tone 函数来实现。创建正弦信号的代码如下。

```
>> fs = 48*10^3; % set the sampling frequency
>> ts = 1/fs; % set the time-between samples
>> [t, tone_300] = tone(ts, 300, 10, .5); % .5 cos(2*pi*300*t), for 10 s.
```

.m 文件中的 tone 函数代码如下。

```
function [t,x] = tone(ts, f, dur, amp)
%
% Generates a sinusoid, x(t), with
% time-between-samples = ts
% frequency, in Hz = f
% duration = dur
% amplitude = amp
%
t = [0: ts : dur-ts];
x = amp*cos(2*pi*f*t);
```

（2）通过 MATLAB 代码将信号写入一个文件中，文件命名为 test_tone_300.dat，在 MATLAB 终端输入如下指令并回车。

```
>> write_float_binary(tone_300, 'test_tone_300.dat')
```

write_float_binary 函数写在一个.m 文件中，代码如下。

```
function v = write_float_binary (data, filename)
% Ref: gnuradio
%
% Usage: write_float_binary (data, filename)
%
% open filename and write data to the file as 32 bit floats
%
fid = fopen (filename, 'w');
if (fid < 0)
v = 0;
else
v = fwrite (fid, data, 'float');
fclose (fid);
end
end
```

（3）将 test_tone_300.dat 文件复制到需要的计算机或目录下。

（4）修改 GNU Radio 中的 dial_tone 例子程序，从文件 test_tone_300.dat 中读取信号，并且将数据发送到计算机声卡进行发声，可通过下面的步骤来完成。

① 将新脚本文件中当前的源定义代码替换为如下的形式。

```
src = gr.file_source (gr.sizeof_float, 'test_tone_300.dat')
```

② 当前信宿相关代码不要动（还是 dst=audio.sink(48000)）。

③ 替换代码中的当前的连接代码（即 self.connect…）为 self.connect (src, dst)。

④ 执行程序，将听到 300Hz 的音调。

可以通过下面的方式检查听到确实是正确的音调：修改最初始的 dial_tone 例子，通过 GNU Radio 产生一个单一正弦信号，频率是 300Hz，振幅是 0.5。这个时候听到的声音应该和从读取 MATLAB 文件中的数据听到的声音是相同的。如果听起来不一样，就有可能信号的振幅产生了畸变，可以尝试减小信号幅度，然后再进行比较。

7.7　版 本 控 制

版本控制是管理信息变化的艺术。对于经常对信号处理模块进行修改和升级的开发人员而言，就很有必要对自己开发的代码进行版本控制，以方便代码的维护。在 Ubuntu 下的版本控制软件有很多，这里推荐使用的是 SVN（Subversion）[17]。对大多数用户而言它已足够稳定，功能足够强大。下面来讲解一下在 Ubuntu 系统[18]下配置 SVN 服务器的基本步骤。

（1）安装 SVN。

```
$ sudo apt-get install subversion。
```

（2）添加 SVN 管理用户和 subversion 组。

```
$ sudo adduser svnuser
$ sudo addgroup subversion
$ sudo addgroup svnuser subversion
```

（3）创建项目目录，并更改文件夹权限。

```
$ sudo mkdir /home/svn
$ cd /home/svn
$ sudo mkdir repos
$ sudo chown -R root:subversion repos
$ sudo chmod -R g+rws repos
```

（4）创建 SVN 项目仓库。

```
$ sudo svnadmin create /home/svn/ repos
```

（5）创建 SVN 用户、密码，并设置权限。

① 修改主配置文件/home/svn/ repos /conf/svnserve.conf。

将以下代码前的#去掉。

```
anon-access = read#此处设置的是匿名用户的权限，如果想拒绝匿名用户则设置为none
auth-access = write #设置有权限用户的权限
password-db=passwd #指定查找用户名和密码的文件，这样设置即为本目录下的 passwd
                   文件
authz-db = authz      #制定各用户具体权限的文件，这样设置即为本目录下的 authz
```

② 编辑密码配置文件/home/svn/ repos /conf/passwd。

该文件规定了用户名和密码，在[users]标签下增加以下内容。

```
admin = 123456
user1 = 123456
user2 = 123456
```

③ 设置用户权限，编辑权限配置文件/home/svn/ repos /authz。

在[groups]下增加以下内容。

```
admin = admin
user = user1,user2    #规定了两个组，admin 和 user
[/] #根目录权限
admin = rw #admin 用户的权限为读写
@user = r   #user 组的权限，指定组前面必须加上@
```

```
[/trunk/fitness]      #制定该目录权限
@user=rw       #权限有继承性，子文件夹能够继承权限
```

（6）启动服务。

```
svnserve -d -r /home/svn
```

-d 表示 svn server 以"守护"进程模式运行。

-r 指定文件系统的根位置（版本库的根目录），这样客户端不用输入全路径，就可以访问版本库，如 svn://192.168.1.1/ repos。

（7）导入项目到项目仓库。

```
svn import -m "projectName" /home/ test svn://192.168.1.1/repos/
```

这样/home/test 中的项目就导入 SVN 服务器中了。至此，SVN 服务器建立完毕。

如果想从 SVN 服务器中检出项目到本地，进行修改或升级，可以执行如下指令。

```
$sudo mkdir /home/svn_down
$cd /home/svn_down
$sudo svn co svn://192.168.1.1/repos/
```

注意：这里的 co 也可以写成 checkout，这样 SVN 中的项目文件就被下载到本地了。当然还有很多客户端的命令，如果想把修改好的文件提交到 SVN 服务器则要用到命令：svn commit。还有很多的客户端的命令，本书就不一一列出了。

参 考 文 献

[1]　C++编程规范 101 条规则、准则最佳实践[EB/OL]. http://vdisk.weibo.com/s/zf4TOjFaWmyoq.

[2]　Google C++编程规范[EB/OL]. http://pan.baidu.com/s/1i3gc7lF.

[3]　海曼无线. GNU Radio 入门[EB/OL]. http://download.csdn.net/detail/u012761458/7893813.

[4]　Blossom E. How to write a signal processing block [EB/OL]. http://www.gnu. org/software/gnuradio/doc/howto-write-a-block.html.

[5]　Shen D W. Writing a signal processing block for GNU Radio part I[EB/OL]. http://www.snowymtn. ca/GNURadio/GNURAdioDoc-10.pdf.

[6]　Shen D W. Writing a signal processing block for GNU Radio part II[EB/OL]. http://www.snowymtn. ca/GNURadio/GNURAdioDoc-11.pdf.

[7]　Boost 智能指针[EB/OL]. http://www.boost.org/doc/libs/1_58_0/libs/smart_ptr/smart_ptr.htm.

[8]　OutOfTree 模块构建[EB/OL]. http://gnuradio.org/redmine/projects/gnuradio/wiki/OutOfTreeModules.

[9]　wxPython[EB/OL]. http://www.wxpython.org.

[10]　wxPython tutorial[EB/OL]. http://zetcode.com/wxpython.

[11]　莫及. Octave 入门[EB/OL]. http://vdisk.weibo.com/s/AM3u6jh1n2gh?from=page_100505_profile&wvr=6.

[12]　Octave 官方文档[EB/OL]. http://www.gnu.org/software/octave/docs.html.

[13]　Octave 快速指南[EB/OL]. http://ljk.imag.fr/membres/Christophe.Prudhomme/courses/oct-ave/octave-refcard-a4.pdf.

[14]　Octave 邮件列表[EB/OL]. http://octave.1599824.n4.nabble.com.

[15]　用 Octave 对 GNURadio 的数据进行分析[EB/OL]. http://blog.csdn.net/sywcxx/article/details/38472035.

[16]　将 matlab 数据移到 GNU Radio[EB/OL]. http://www.csun.edu/~skatz/katzpage/sdr_project/sdr/moving_matlabdata_to_gnuradio.pdf.

[17]　TorToiseSVN-中文手册[EB/OL]. http://download.csdn.net/detail/huangliangbao2009/6399455.

[18]　Ubuntu 使用说明[EB/OL]. http://wenku.baidu.com/link?url=PioCZdxS_A8g_3-pnmIul5yWB8B4cl JJggMHAwwxcVQz1-Lm07Qhrmaiq8F1TWmbdSez-IMD_o7YqDGv-QElwIupntDx4ZaZT5uLTfV Z-xS.

第 8 章　GNU Radio 无线传输实现范例

8.1　GNU Radio 调制方式实现

GNU Radio 平台可以实现多种调制方式，本节将首先分析 GNU Radio 库中的 PSK 调制解调的实现原理，通过 GRC 模块流图的分析，将学习到软件无线电的基带数字信号处理技术。然后，本节会介绍高斯最小频移键控（Gaussian Filtered Minimum Shift Keying，GMSK）的基本原理，以及基于 GNU Radio 平台的实现方式。

8.1.1　DQPSK&QPSK 调制方式实现

1．DQPSK 调制方式实现

正交相移键控（Quadrature Phase Shift Keying，QPSK）是一种数字调制方式[1,2]。它分为绝对相移和相对相移两种。由于绝对相移方式存在相位模糊问题，所以在实际中主要采用相对相移方式（Differential Quadrature Phase Shift Keying，DQPSK）。目前已经广泛应用于无线通信中，成为现代通信中一种十分重要的调制解调方式。

DQPSK 的调制原理是利用载波的四种不同相位来表示输入的数字信息，也就是四进制相位键控，它规定了四种调制相位：$+\pi/4$、$+3\pi/4$、$-3\pi/4$、$-\pi/4$。所以需要将二进制数字序列中的数据划分为每两比特一组，也就是有 00、01、10 和 11 四种情况，经过差分编码后，分别对应上面的四个相位，其具体对应关系如表 8-1 所示。而调制之后的符号星座图的相位路径转换图如图 8-1 所示。解调端根据星座图和载波相位来判断发送端发送的信息数据。

表 8-1　相位转换

二进制比特 1	二进制比特 2	相位
1	1	$+\pi/4$
0	1	$+3\pi/4$
0	0	$-3\pi/4$
1	0	$-\pi/4$

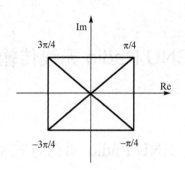

图 8-1 调制符号星座图和可能变换路径

1）单机情况

在 GRC 中的 DQPSK 模块流图如图 8-2 所示。

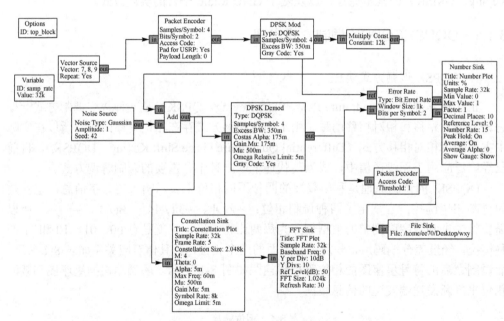

图 8-2 单机模式下 DQPSK 流图

通过设置噪声源，可以得到不同信噪比下的误码率，如图 8-3 所示，图 8-3(a)～图 8-3(d)分别表示不同噪声强度下的误码率。通过观察可以发现，随着信噪比不断减小，误码率不断增加。当信噪比很大时，误码率为 0；当信噪比非常小时，误码率数值为 None。

信号通过信道前后的时域波形、频域谱图和星座图，如图 8-4 所示。

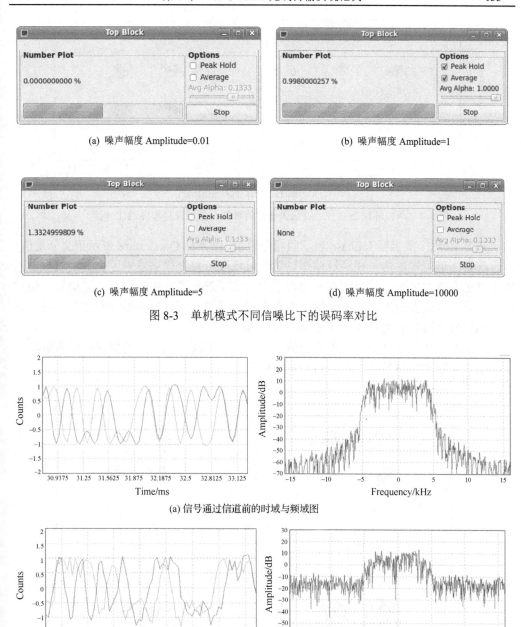

(a) 噪声幅度 Amplitude=0.01

(b) 噪声幅度 Amplitude=1

(c) 噪声幅度 Amplitude=5

(d) 噪声幅度 Amplitude=10000

图 8-3　单机模式不同信噪比下的误码率对比

(a) 信号通过信道前的时域与频域图

(b) 信号通过信道后的时域与频域图

图 8-4　单机环境下信号经过信道前后的时域、频域及星座图对比

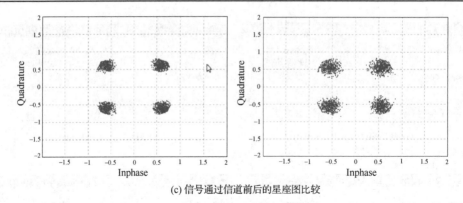

(c) 信号通过信道前后的星座图比较

图 8-4　单机环境下信号经过信道前后的时域、频域及星座图对比（续）

图 8-4(c)中，横坐标 Inphase 表示同相分量值，纵坐标 Quadrature 表示正交分量值。通过观察图形可知，信号在经过信道以后的时域波形较之原来发生了失真，而频谱图的主瓣也有较大衰减，星座图也一定程度上偏离了理想点。由分析可知，信号在经过信道前后产生失真的原因主要是信道中存在高斯噪声，而且噪声的幅度越大，经过信道后的信号波形失真越严重，频谱衰减越厉害。

图 8-5 是在保持其他参数不变的情况下，通过不断增加噪声的幅度，即不断减小信噪比，观察到的信号经过信道后的星座图。

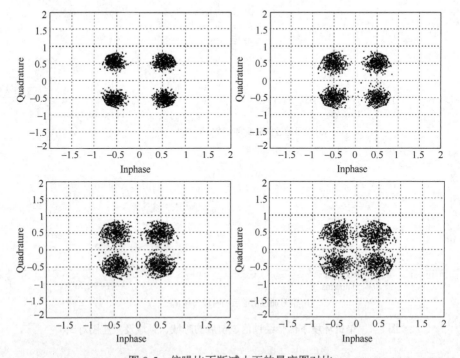

图 8-5　信噪比不断减小下的星座图对比

由图 8-5 可知，噪声对信号的影响很大，噪声幅度越大，引起的损伤越大，符号点相对于中心点随机向外扩散越严重。即符号点相对集中的时候，误码率较小；反之，符号点相对分散的时候，误码率较大。

2）双机情况

在 GRC 中的 DQPSK 信号发送流图如图 8-6 所示。

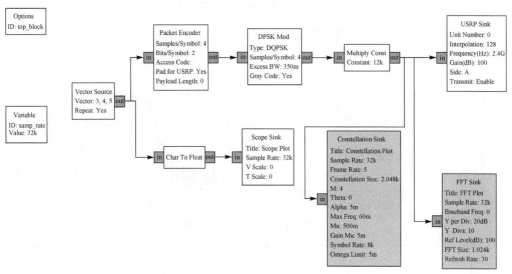

图 8-6　双机模式下 DQPSK 信号发送流图

在 GRC 中的 DQPSK 信号接收流图如图 8-7 所示。

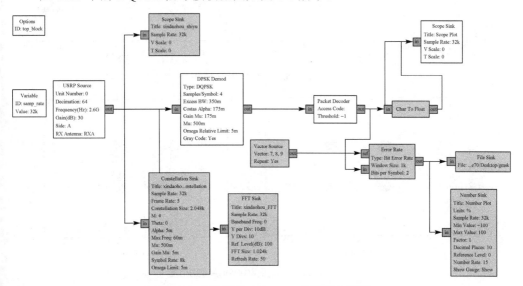

图 8-7　双机模式下 DQPSK 信号接收流图

通过调整发射信号的增益，以此改变信噪比，同时观察误码率的变化。不同信噪比下的误码率如图 8-8 所示。

图 8-8　不同信噪比下的误码率

通过观察可以发现，随着信噪比不断减小，误码率不断增加。

信号通过信道前后的时域波形、频域谱图和星座图，如图 8-9 所示。

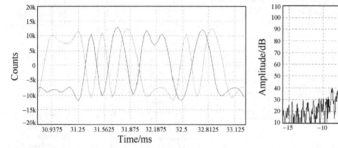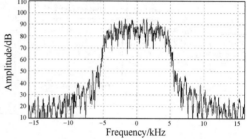

(a) 信号通过信道前的时域与频域图

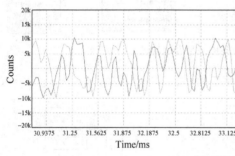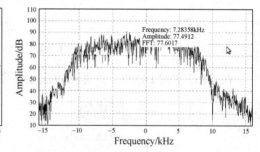

(b) 信号通过信道后的时域与频域图

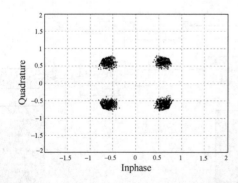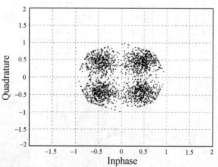

(c) 信号通过信道前后的星座图比较

图 8-9　双机环境下信号经过信道前后的时域、频域及星座图对比

　　观察图 8-9 发现，与单机实验类似，信号在经过信道以后的时域波形较之原来发生了比较大的失真，而频谱图的主瓣也有一定程度的衰减，经过信道后信号的星座图的符号点偏离了理想点。究其原因，主要是信道中存在高斯噪声，而且噪声的幅度越大，经过信道后的信号波形失真越严重，频谱衰减越厉害，星座图符号点扩散越严重。

　　以上是使用 GNU Radio 套件，信号经 DQPSK 调制和解调后的实验情形，分别在单机和双机下进行。

2. QPSK 调制方式实现

　　QPSK 信号[3]的产生方法有两种，第一种是使用相乘电路，如图 8-10 所示。基带信号 $A(t)$ 被"串/并变换"后变成了两路码元持续时间翻倍的并行码元序列 a 和 b，分别与两路正交载波相乘，相乘的结果用虚线矢量表示，如图 8-11 所示。$a(1)$ 代表 a 路的信号码元二进制"1"，$a(0)$ 代表 a 路信号码元二进制"0"；$b(1)$ 代表 b 路的信号码元二进制"1"，$b(0)$ 代表 b 路信号码元二进制"0"。

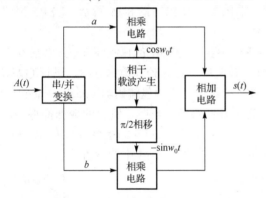

图 8-10　相乘电路法产生 QPSK

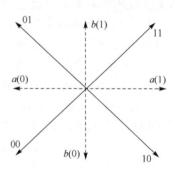

图 8-11　QPSK 矢量的产生

　　第二种产生方法是选择法，其原理如图 8-12 所示，基带信号经过"串/并变换"后用于控制一个相位选择电路，按照当时的输入双比特 a、b，决定选择哪个相位的载波输出。

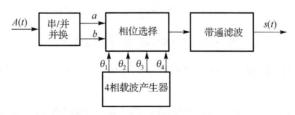

图 8-12　相位选择法产生 QPSK

　　QPSK 信号的解调原理如图 8-13 所示。由于 QPSK 信号 $s(t)$ 可以看成两个正交 2PSK 信号的叠加，如图 8-10 所示，所以用两路正交的相干载波去解调，可以很容易地分离这两路正交的 2PSK 信号。相干解调后的两路并行码元 a 和 b，经过"并/串"变换后，称为串行信号输出，即 $A(t)$。

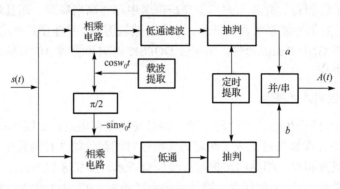

图 8-13　QPSK 信号的解调过程

下面是 QPSK 调制方式的 GRC 实现，框图如图 8-14、图 8-15 所示。USRP 发送和接收的 Python 脚本请见附录 A 和附录 B。

为了得到 Python 脚本，可以首先在 GRC 中实现 QPSK 的调制流图[4]，然后在产生的 Python 脚本中进行编辑。在发送部分比较简单，首先处理数据分组，进行 QPSK 调制，然后通过 USRP 发送数据。接着数据被送入一个称为包编码器（packet encoder）的模块，然后对数据包进行 QPSK 调制，为了补偿噪声的影响，输出的数据都将乘以 5000。最后数据被送入 USRP Sink 模块，该模块将 GUN Radio 的指令传给 USRP 板，USRP 将数据发射出去。各个模块的具体参数可以参考图 8-14 中的设置。

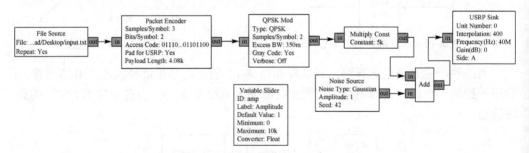

图 8-14　QPSK GRC 信号发送流图

在接收端，有 QPSK 解调、相位模糊判决（图 8-16）、软输出以及科斯塔斯环（Costas loop）。

（1）信号来自 USRP Sink，在接收端 USRP 信源接收数据，由于在两个 USRP 之间进行通信有噪声存在，所以对 USRP 信源增加 20dB 的增益，接收的信号经过一个乘法器模块。

（2）为了维持信号的强度，数据通过一个自动增益控制模块（Automatic Gain

Control，AGC）。接着，信号要通过一个根升余弦滤波器（Root Raised Cosine Filter,
RRCF），其目的主要是最小化符号间干扰。

（3）信号进入 MPSK 接收模块，该模块中就包含了信号的解调和科斯塔斯环处理。
因为是 QPSK 调制，因此对应的 M 值必然是 4。科斯塔斯环的主要功能是对接收的波
形和输入的波形进行相位同步。

（4）这部分还包含接收星座图模块（Scope Sink）和软输出模块（Number Sink）。
软输出实际上对应的是相位和信号幅值大小的坐标。软输出的结果有助于计算信噪比。
各个模块的具体参数可以参考图 8-15 中的设置。

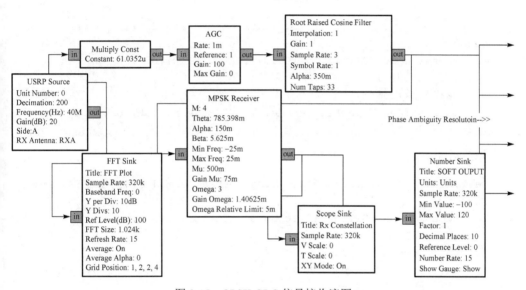

图 8-15　QPSK GRC 信号接收流图

在接收端最后的阶段是相位模糊判决，见图 8-16。在 QPSK 中，输出的星座相位
是未知的，所以，为了找到正确的相位，使用了四个不同的星座解码模块。从 MPSK
接收模块输出的信号被解码成了四种不同的方式。接着拆包 K 位模块解码成二进制值。
然后，包解码模块通过在二进制信号流中是否产生了正确的唯一字来判决哪一个相位
是正确的。最后，选择器模块（Selector Block）决定哪一个相位是正确的，并将正确
的数据输出到文件。选择器模块并不是 GNU Radio 提供的模块，是自定义的一个模块。
如果两个相位的位置恰好在同一时间输出，这意味着在解码的时候发生了错误。选择
器模块会决定哪一个相位模式正在通过大多数数据。所以，如果另一个相位恰好也输
出了一个数据包，则选择器会忽略它，并且继续从原来的相位获得数据。

由 GRC 产生的 selector.py 脚本需要进行一些修改。

产生行如下。

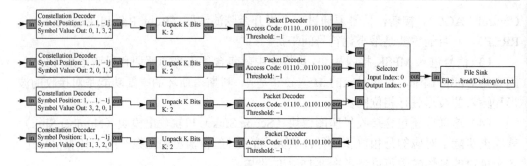

图 8-16　相位模糊判决（续接图 8-15）

```
self.packet_decoder_rot0 = grc_blks2.packet_demod_b(grc_blks2.packet_
decoder(
    access_code="01110011011001010110000101101100",
    threshold=-1,
    callback=lambda ok,
    payload: self.packet_decoder_rot0. selector(ok, payload)
)
```

修改后如下。

```
self.packet_decoder_rot0 = grc_blks2.packet_demod_b(grc_blks2.packet_
decoder(
    access_code="01110011011001010110000101101100",
    threshold=-1,
    callback=lambda ok,
    payload: self.packet_decoder_rot0.recv_pkt_selector(ok, payload, 0,
    self.packet_selector),
)
```

8.1.2　GMSK 调制方式实现

将基带信号经过高斯滤波器之后，再进行 MSK（Minimum Shift Keying）即最小频移键控调制，从而形成调制信号的过程称为 GMSK（Gaussian Filtered Minimum Shift Keying），即高斯滤波最小频移键控调制。它具有良好的频谱和功率特性。

高斯滤波：原始数据 α_i 经过高斯滤波器之后的响应可由式（8-1）来表示

$$g(t) = h(t) * \alpha_i \tag{8-1}$$

其中，调频指数 $h = 1/2$，意味着对应调制数据源 a_k，一个码元内的最大相移为 $\pi/2$。式（8-2）为 GMSK 调制符号表达式，即

$$x(t) = \sqrt{\frac{2E_c}{T}} \cos(2\pi f_0 t + \varphi(t) + \varphi_0) \tag{8-2}$$

1）单机情况

在 GRC 中的模块流图如图 8-17 所示。

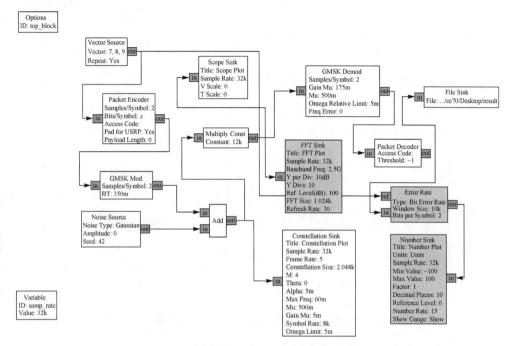

图 8-17　单机模式下 GMSK 调制方式流图

信号通过信道前后的时域波形、频谱图以及星座图的对比如图 8-18 所示。

通过对图 8-18 的分析可知，信号在经过信道以后的时域波形较之原来发生了失真，而频谱图的主瓣也有较大衰减，星座图与信号在经过信道前的情况相比也一定程度上偏离了理想点。由图 8-17 的 GRC 流图分析可知，信号在经过信道前后变化的原因主要是信道中存在的高斯噪声的影响，而且噪声的幅度越大，经过信道后的信号波形失真越严重，频谱衰减越厉害。

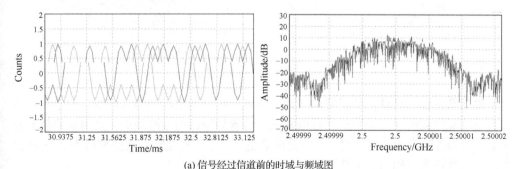

(a) 信号经过信道前的时域与频域图

图 8-18　信号经过信道前后时域、频域和星座图对比

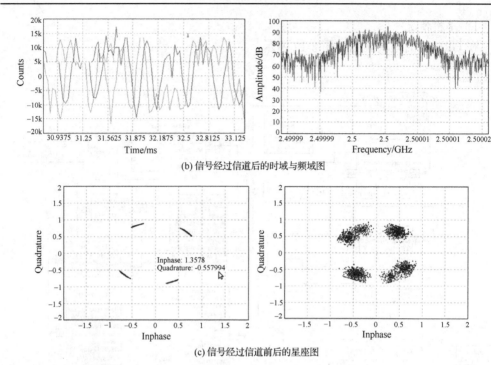

(b) 信号经过信道后的时域与频域图

(c) 信号经过信道前后的星座图

图 8-18　信号经过信道前后时域、频域和星座图对比（续）

不同信噪比下的误码率如图 8-19 所示。

(a) 信噪比=0　　　　　　　　　　　　　　(b) 信噪比=0.1

(c) 信噪比=0.15　　　　　　　　　　　　(d) 信噪比=0.2

图 8-19　不同信噪比下的误码率图

　　以上是在保证其他参数不变的条件下，通过逐渐增大噪声的幅度值，即不断减小信噪比，观测到的误码率数值。可以发现，随着信噪比的不断减小，误码率的值不断增加。在调整噪声的幅度值时，有一定的取值范围。只有当信噪比的取值为 0.1～0.15 时，才能观测到误码率的取值。

　　不同信噪比情况下的星座图如图 8-20 所示。

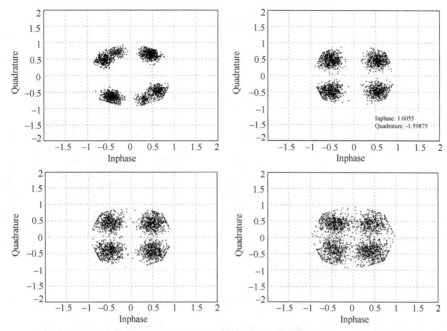

图 8-20　不同信噪比情况下的星座图

噪声影响信号的信噪比，噪声幅度越大，信噪比越小，引起的损伤越大，符号点相对于中心点随机向外扩散得越严重。即符号点相对集中的时候，误码率较小；反之，符号点相对分散的时候，误码率较大。

2）双机情况

在 GRC 中 GMSK 的信号发送流图如图 8-21 所示。

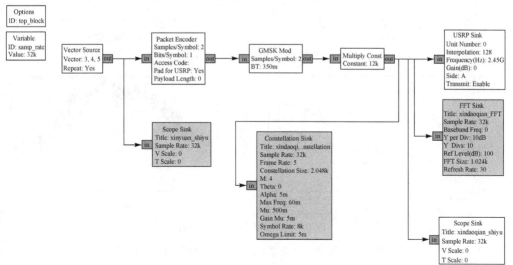

图 8-21　GMSK 信号发送流图

在 GRC 中 GMSK 的信号接收流图如图 8-22 所示。

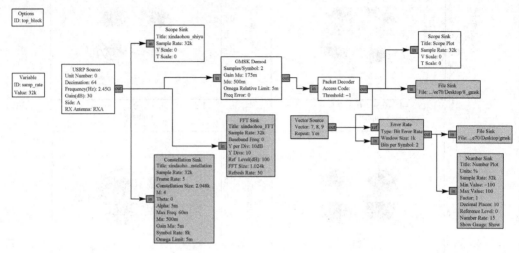

图 8-22　GMSK 信号接收流图

信号通过信道前后的时域波形、频谱图以及星座图的对比如图 8-23 所示。

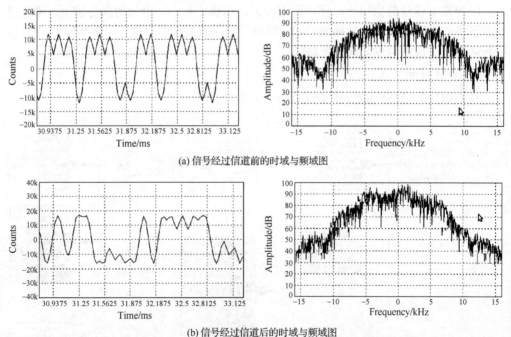

(a) 信号经过信道前的时域与频域图

(b) 信号经过信道后的时域与频域图

图 8-23　信号经过信道前后的时域、频域和星座图

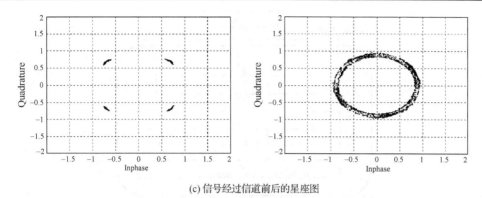

(c)信号经过信道前后的星座图

图 8-23　信号经过信道前后的时域、频域和星座图（续）

实验结论和上述 DQPSK 相同。即随着噪声增加，信噪比降低，星座图符号点随机分散情况更加严重，同时误码率也增加。

以上是使用 GNU Radio 套件，信号经 GMSK 调制和解调后的实验情形，分别在单机和双机下进行。

8.2　GNU Radio 的 OFDM 无线传输

OFDM 是一种特殊的多载波调制方式，它可以看成由传统的频分复用技术发展而来。一方面，OFDM 是一种调制技术；另一方面，OFDM 也是一种复用技术。OFDM 的基本思想是：将宽带信道分为 N 个正交的窄带子信道，每个子信道使用一个子载波，通过串并变换，降低输入串行数据流的信号速率，使它们转换成符号长度比采样间隔长很多的 N 路并行数据流，用这样的低速率多进制符号再分别调制到 N 个互相正交的子载波上，最后将这些调制后的信号叠加就构成了发射端的数据。

OFDM Tunnel 是 GNU Radio 中很经典的一个例子[5,6]，由物理层和 MAC 层构成，提供一个虚拟的 Ethernet 接口，使得基于 IP 的各种应用程序都可以加载在这个 Tunnel 上面，它就像一个隧道，负责传输数据。

8.2.1　系统框图和 MAC 帧的构成

1）OFDM 系统框图及设计思路

基于 GNU Radio 的 OFDM 无线传输系统是基于 Ubuntu 10.10 版本的 Linux 系统，利用 GNU Radio 和 USRP 共同完成[7]。主要是由应用程序、OFDM Tunnel 和 USRP 组成。USRP 和 OFDM Tunnel 之间是通过 USB 接口连接的。OFDM Tunnel 由物理层和 MAC 层构成，提供一个虚拟的 Ethernet 接口，使得基于 IP 的各种应用程序都可以加载在这个 Tunnel 上面，它的主要作用是负责数据的传输。而这里主要研究 OFDM Tunnel 物理层的功能。OFDM Tunnel 的系统框图如图 8-24 所示。

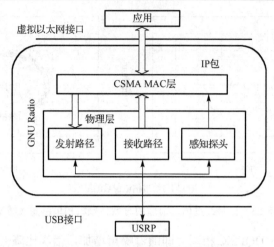

图 8-24　OFDM Tunnel 的系统框图

　　OFDM Tunnel 的物理层由发射机（transmit path）、接收机（receive path）和一个载波侦听（sensing probe）三部分构成，发射机和接收机主要是把信息比特转换成基带波形，载波侦听是通过能量检测对当前信道是否空闲作出判断。MAC 层是一个基于载波侦听多路访问（Carrier Sense Multiple Access，CSMA）协议的简单 MAC 层，它与物理层之间传递的是一个数据帧，就是在 IP 包的基础上加了一些数据链路层的包头和包尾信息。

　　发送端通信过程是应用程序将自己要实现的功能打包成 IP 包通过虚拟的以太网接口传给 MAC 层，MAC 层根据 CSMA 判断要不要发送这个 IP 包给物理层，如果没有冲突则发送，物理层接收到这个包后调用发送路径（transmit path），将这个包通过 USB 接口发送给硬件设备 USRP，USRP 对它进行上变频等数字处理，由天线将它发送出去。MAC 层和物理层在接收到 IP 包后都要加上本层的包头和包尾信息。接收过程反之。

　　2）MAC 层的帧结构

　　本系统的帧结构比较简单，如图 8-25 所示。它是由 4B 的包头、数据部分、4B 的 CRC 校验和 1B 的尾比特（X55）组成的。包头包含两个信息：4bit 的白化参数和 12bit 的数据包长度。包头采用了重复发送的方法，以增加可靠性。

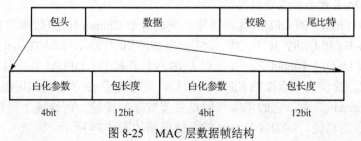

图 8-25　MAC 层数据帧结构

　　MAC 层数据帧的结构和数据打包过程如图 8-26 所示，首先，IP 包被加上了 4B 的校验比特，算法是 CRC32，然后，加上 1B 的尾比特（X55），其中为了使得数据具有随机均匀分布的特性，CRC 比特和尾比特都被白化（加扰）处理，最后，加上一个 4B 的包头就完成了 IP 数据到 MAC 层数据包的打包过程。

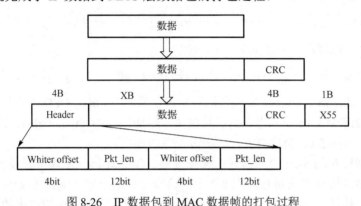

图 8-26　IP 数据包到 MAC 数据帧的打包过程

8.2.2　物理层

1. 发送端

　　下面以 OFDM Tunnel 为例来解读一下物理层。OFDM Tunnel 的代码除了在 gnuradio-examples\python\ofdm 目录下，还有一些在 gnuradio-core\src\python\gnuradio\blks2impl 目录下。OFDM 发送端基带信号生成流图如图 8-27 所示。OFDM 系统的设计，主要由四大部分组成，自适应调制选择模块 Self-adaption、OFDM 的调制模块 ofdm_mod、调幅模块 scale 和 usrp_sink。发送数据先经过自适应调制选择模块选择合适的调制方式，在经过调制模块调制后，得到 OFDM 信号，然后经过调节振幅，最后由 usrp_sink 发射出去。

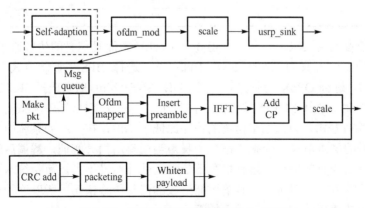

图 8-27　OFDM 发送端基带信号生成流图

在 transmit_path.py 中，语句 self.connect（self.ofdm_tx，self.amp, self）说明其中包含两个模块，ofdm_tx 是一个 ofdm_mod 类，amp 是一个乘法器。ofdm_mod 类的代码在文件 ofdm.py 中。在 ofdm_mod 类中，数据包首先经过一个 send_pkt 函数，完成 MAC 包的打包过程，代码如下。

```
send_pkt(self, payload=", eof=False)
```

然后 MAC 包被放进一个队列，代码如下。

```
self._pkt_input.msgq().insert_tail(msg)
```

后面的 ofdm_mapper_bcv 模块从队列中取出数据包，根据 OFDM 调制的参数映射成一个个的 OFDM symbol，再送到后续模块，添加序列头（preamble），进行 IFFT 变换，添加 cyclic prefix，最后调整一下幅度，发送出去。

下面分别针对图 8-27 中的自适应选择模块、OFDM 调制模块进行说明。

（1）自适应选择模块是按照表 8-2 中的信噪比门限制定的调制方案编写的 Python 模块，代码主体结合信噪比门限和方案详细介绍，它是系统自适应调制的依据。代码中的信噪比估计值是发送端接收的信令信息中的数据部分，它是由接收端发送的。因为系统的自适应方式是开环方式，信噪比估算算法的实现模块在接收端。系统选择信令回传方式为开环方式，即信噪比估计模块在接收端完成，接收端把信道估计信息以信令方式回传给发送端，发送端再自适应地选择调试方案。若系统要求的误码率不得高于 $10×10^{-3}$，那么 BPSK、QPSK、8PSK 和 QAM64 这四种调制方式要求的信噪比门限依次为 7dB、9dB、12dB 和 18dB。

表 8-2　调制方式对应判决门限及误码率

误码率	变速门限/dB	调制方式	误码率公式
10^{-3}	7	BPSK	$P_\varepsilon = 2Q\left(\sqrt{2\dfrac{E_s}{N_0}\sin^2\dfrac{\pi}{M}}\right)$
	9	QPSK	
	12	8PSK	$P_\varepsilon = 4\left(1-\dfrac{1}{\sqrt{M}}\right)Q\left(\sqrt{\dfrac{3}{M-1}\dfrac{E_s}{N_c}}\right)$
	18	64QAM	

按照系统参数的要求，误码率不得高于 $10×10^{-3}$，而且信息的传输速率尽可能高，因此，制定的调制方案为：7dB≤SNR<10dB 时，选择 BPSK 调制方式；在 10dB≤SNR<15dB 时，选择 QPSK 调制方式；在 15dB≤SNR<20dB 时，选择 8PSK 调制方式；在 SNR≥20dB 时，选择 64QAM 调制方式。为了方案的完整性，在信噪比小于 7dB 时，不选择任何调制方式。因为如果信道的信噪比低于 7dB，在一般的系统中接收端将很难完成对信号的准确解调，会把大部分的噪声当成有用信号解调，解调后的信息不能真实地还原原来的有效信息，这种情况下信噪比估计意义不大，而系统本身还没有加入编码、交织等方式来对抗信道衰落可能造成的信息传输错误，所以这种设置是合理的。自适应选择模块的上层主体代码如下。

```
if self.snr <7:
  print "it is not a valid channel for transmission ,use another channel
with better snr"
elif (7<=self.snr and self.snr<10):
  self._modulation = "bpsk"
elif (10<=self.snr and self.snr<15):
  self._modulation = "qpsk"
elif (15<=self.snr and self.snr<20):
  self._modulation = "8psk"
elif self.snr and self.snr >=20:
  self._modulation = "qam64"
```

发送端通过实时地检测和接收信令，得到由接收端回传的信道信令，再根据接收到的信道估计值来自适应地选择不同的调制方式。系统设定每接收 10 帧数据，接收端都要把通过信噪比估计算法估算的信噪比值回传给发送端，发送端在接收到回传信息后重新调整调制方式。

（2）OFDM 的调制模块是发送端最重要的部分，传输信号的处理都是在这个模块中完成的，数据包首先经过打包函数 make pkt 完成 MAC 包的打包过程，然后 MAC 包被放进一个队列 Msg queue，后面的 OFDM_mapper_bcv 模块从队列中取出数据包，根据 OFDM 调制的参数映射成 OFDM symbol，也就是完成 OFDM 的星座映射，可以映射为 BPSK、QPSK、8PSK 和 64QAM 等多种调制方式，再送到后续模块，添加序列头（preamble），进行 IFFT 变换，添加循环前缀（cyclic prefix），最后调整一下幅度发送出去。在 OFDM_mapper 之后是流图的形式，在这之前物理层的打包程序 make pkt 是通过一个队列和数据链路层联系在一起的，这种连接方式使得"异步的"MAC 层数据（数据包长不定）和与系统时钟"同步的"物理层连接在一起。

2. 接收端

接收端系统框图如图 8-28 所示，主要模块是接收模块（ofdm_rx）、检测模块（sensing probe）、天线模块（To Antenna_Tx）和反馈模块（Call back to MAC）。其中检测模块用来检测信道是否空闲，若空闲则可进行信息的收发，若忙则继续检测直至信道空闲，当 USRP 收到的信号幅度大于门限（默认 30dB）时，就认为无线信道已经被其他用户占用。

反馈模块在接收到 MAC 层的数据包或者 OFDM 解调完成后都会给 MAC 层一个回传信号，表示数据包是否正确接收或解调。因为系统 MAC 层和物理层之间没有时钟信号，同步是靠队列完成的，所以从队列中操作完一个数据包之后必须给 MAC 层一个反馈信号才能进行下一个数据包的操作。天线模块是连接 USRP 和信噪比估计程序的模块，系统新增的信噪比估计模块对接收到的信息进行算法估计后，将信噪比估计值通过这个模块传输给 USRP，USRP 则通过天线发射出去，而系统的发送端新增的自适应选择模块是以这个信道估计值为参数进行自适应调制的。

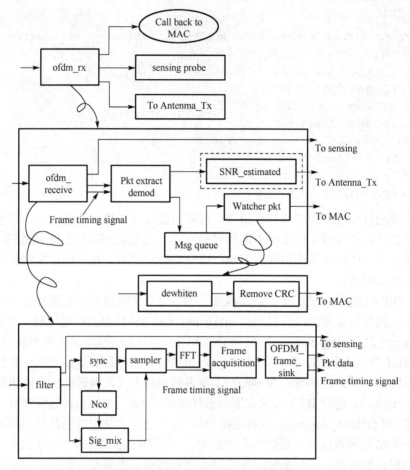

图 8-28　OFDM 基带信号的接收机框图

接收模块完成的是 OFDM 的解调部分，过程比较复杂。主要分成同步模块（ofdm_receiver）、解调模块（ofdm_frame_sink）和数据链路层拆分数据帧模块（watcher pkt）。结合到代码，receive_path.py 包含 ofdm_demod 和 probe 两个模块。ofdm_demod 显然就是 ofdm 接收机部分。而 probe 是一个信号检测模块，当 USRP 收到的信号幅度大于门限时，就认为无线信道已经被其他用户占用。Ofdm_demod 类的代码在文件 ofdm.py 中，主要分成同步模块（ofdm_receiver）、解调模块（ofdm_frame_sink）和 MAC 帧拆包部分。与发射部分类似，物理层与 MAC 层也是通过一个队列 self._rcvd_pktq 连接在一起的。ofdm_receiver 部分比较复杂，是用 Python 写的，完成了帧同步、频偏估计、频偏纠正、FFT 的功能。ofdm_frame_sink 是一个 C++写成的模块，完成了从调制符号到比特的解映射过程。

系统接收机的几个重要模块的功能介绍如下。

（1）ofdm_receiver 部分。如图 8-28 中最下面的框图所示，filter 模块完成对 USRP

接收信号的匹配滤波功能；同步模块（sync）的主要功能是完成接收符号的窗口匹配，若匹配成功则发送匹配成功标志给 sampler 模块；数控振荡器（NCO）模块完成信号的细频偏纠正功能，相当于锁相环（PLL）；接着混频模块（Sig_mix）将本地的同频载波和 NCO 模块传过来的经过频偏纠正的 OFDM 信号相乘，即经过混频完成载波同步的功能，接着将处理过的信息输出给 sampler 模块；sampler 模块根据 sync 模块的匹配标志信号寻找 preamble，将 preamble 和 data 分离，并给出二者的边界标志，然后把每个数据帧前面的循环前缀（cycle prefix）去除，最后将 OFDM 符号送给 FFT 模块，同时发送数据帧的定时信号（frame timing signal）给 Frame acquisition 模块；FFT 模块对接收到的数据进行 FFT 后输出给 Frame acquisition 模块，Frame acquisition 模块接收来自 FFT 的星座映射点向量，使用已知的 PN 码和接收到的 PN 码序列进行比较得到信道增益，然后使用得到的增益修正其后的数据帧完成帧同步和均衡。

（2）OFDM_frame_sink（解调）模块。该模块在系统的底层，将接收的 OFDM 符号映射成 0、1 比特流数据，再将这些比特流打包发送到接收消息序列，完成从调制的 OFDM 信号到实际发送比特数据的解映射过程。

（3）Watcher pkt 模块。主要功能是对解映射后的数据（还是数据帧结构）进行帧的拆包，在图 8-26 中，先去白化，再去掉包头和 CRC 校验及尾比特，最终获得实际的有用数据信息。开发和调试过程的整个 OFDM Tunnel 的物理层还是比较简单的，它模仿了 802.11 的物理层，在不定长的突发数据前面添加一个定长的前导序列（preamble），依靠这个前导序列完成信号的时域同步和频率同步，但它没有加入信道编码和交织，因此抗噪声性能较差。

（4）信噪比估计模块（SNR_estimated）。在图 8-28 中用虚线框标注，是新增的信号处理模块，主要完成信道估计。模块中包含两种信噪比估计算法：二阶四阶矩阵估计算法（M2M4）和平方信号噪声方差算法（SNV），这个模块把从 OFDM_frame_sink（解调）模块传来的解调数据经过信噪比估计算法得出估计值，再将估计值通过 USRP 的天线发送出去。

8.2.3　开发和调试方法

1. 开发和调试环境

测试硬件：PC 两台，USRP 两个，USB 连接线两根。

测试数据：用 SciPy 产生的已知的 10^5 bit 数据，每帧数据域为 200bit。

测试条件：一台 PC 与一个 USRP 相连为一组，共两组设备。通信过程由 USRP 的天线发射，相距 1m。测试界面为 Ubuntu 10.10 的 GNU Radio 软件。频率为 2.4GHz，子载波数为 200 路，FFT 长度为 512，循环前缀长度为 128，发射机振幅为 200V。系统接收端的接收频率必须和发送端一样，设置为 2.4GHz，这样接收端才能在这个频率上接收到发送端发送的信号。信噪比估计是在接收端完成的。因此，调用 GNU Radio

中的高斯信道发生器给信道添加一个高斯噪声，即 gr_chn = gr.channel_model(1.0/scale)，其中振幅 scale = scipy.sqrt(SNR)，SNR 分别取 8dB、12dB、18dB 和 25dB。信道为高斯信道，信噪比测试方案参见表 8-2。

实际上，系统的调制频点在 0～5.9GHz 都可以，FFT 长度、载波数、循环前缀以及振幅大小都可根据需要进行改变。

测试步骤如下。

（1）一组设备的 PC 为发送端发送默认数据。

（2）一组设备的 PC 为接收端接收由发送端发送的数据。

2. 开发和调试方法

gnuradio-examples\python\ofdm 目录下，除了 Tunnel 调用的函数外，还有许多其他的函数。这些函数都是程序的开发过程中需要用到的，它们教会了我们如何一步步地进行程序开发。特别是对于利用 GNU Radio 进行物理层研发的人来说，是很好的参考[8]。下面简单说明一下。

ofdm_mod_demod_test.py：用于物理层收发模块的仿真测试。

benchmark_ofdm.py：加上 MAC 层以后，进行收发的仿真测试。

benchmark_ofdm_tx.py，benchmark_ofdm_rx.py：加上 USRP 之后，进行单向收发的测试，分别测试连续的数据包传输和不连续的突发数据包传输。

当单向传输没有问题之后，就可以实验双向的传输了：tunnel.py。

另外，还有一些 MATLAB 程序，帮助调试程序。当把 log 标志设为 True 时，就会产生很多.dat 文件。代码如下。

```
if logging:
    self.connect(self.chan_filt, gr.file_sink(gr.sizeof_gr_complex,
                          "ofdm_receiver-chan_filt_c.dat"))
self.connect(self.fft_demod,gr.file_sink(gr.sizeof_gr_complex*fft_length,
                          "ofdm_receiver-fft_out_c.dat"))
self.connect(self.ofdm_frame_acq,gr.file_sink(gr.sizeof_gr_complex*occup-
                          ied_tones,"ofdm_receiver-frame_acq_c.dat"))
self.connect((self.ofdm_frame_acq,1), gr.file_sink(1, "ofdm_receiver-
                          found_corr_b.dat"))
self.connect(self.sampler, gr.file_sink(gr.sizeof_gr_complex*fft_
                          length, "ofdm_receiver-sampler_c.dat"))
self.connect(self.sigmix, gr.file_sink(gr.sizeof_gr_complex,
                          "ofdm_receiver-sigmix_c.dat"))
self.connect(self.nco, gr.file_sink(gr.sizeof_gr_complex,
                          "ofdm_receiver-nco_c.dat"))
```

这些文件把各个 block 的输出都记录下来：记录的时机在同步之前、频率同步之后、FFT 之后、解映射之后等。然后用 MATLAB 程序一一检查，就可以发现究竟哪一步出了问题。总结这个例子的开发方法，如果要创建一个自定义的无线连接程序，则必须要实施如下的步骤。

（1）用 MATLAB 写一个物理层收发程序，设计各个功能模块，确定参数等。

（2）用 GNU Radio 写一个不包括 USRP 的收发程序，与 MATLAB 程序一致，方便把 GNU Radio 中的数据导入 MATLAB 中调试。

（3）当物理层没有问题之后，再添加 MAC 层。

（4）加入 USRP，先调试单向通信，再调试双向通信。

8.2.4　OFDM 系统实验结果及分析

1）单向通信调试结果

图 8-29(a)～图 8-29(d)为发送端的测试界面，当信噪比为 8dB 时，终端显示系统选择的调制方式为 BPSK，由于发送数据位 10^5bit 数据，每帧数据域为 200bit，成功发送一个帧的数据系统打印一个点，所以共有 500 个点；当信噪比为 12dB 时，终端显示系统选择的调制方式为 QPSK；当信噪比为 18dB 时，终端显示系统选择的调制方式为 8PSK；当信噪比为 25dB 时，终端显示的系统调制方式为 QAM64，运行结果与自适应方案一致[9-11]。

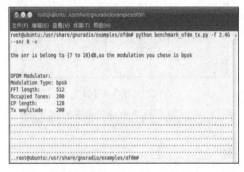

(a) 信噪比为 8dB 时，BPSK 调制

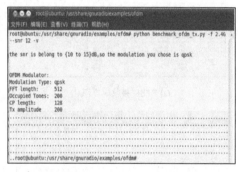

(b) 信噪比为 12dB 时，QPSK 调制

(c) 信噪比为 18dB 时，8PSK 调制

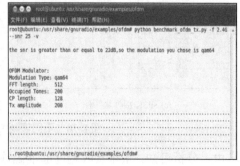

(d) 信噪比为 25dB 时，QAM64 调制

图 8-29　不同信噪比下的调试方式选择

如图 8-30(a)～图 8-30(d)所示，ok 表示收到的一帧数据经过 CRC 校验正确，pktno 表示收到的数据帧的号数，n_rcvd 表示收到的数据帧的个数，n_right 表示收到的正确帧的个数。由图 8-30(a)可知，当信噪比为 8dB 时，接收端通过默认的 M2M4 算法得到的信噪比估计值为 8.031916dB，符合信噪比值的容差范围。发送端发送 10^5bit，每帧 200bit，所以共 500 帧，符合方案中 7dB≤SNR<10dB 时，误码率优于 10^{-3} 的要求；图 8-30(b)中当信噪比为 12dB 时，接收端的信噪比估计值为 11.952651dB，效果接近真实值，符合方案中 10dB≤SNR<15dB 时，误码率优于 10^{-3} 的要求；图 8-30(c)中当信噪比为 18dB 时，接收端的信噪比估计值为 18.043202dB，与真实值接近，符合方案中 15dB≤SNR<20dB 时，误码率优于 10^{-3} 的要求；由图 8-30(d)可知，在信噪比为 25dB 时，接收端通过默认的 M2M4 算法得到的信噪比估计值为 25.015558dB，和真实值很接近，同样符合方案中 SNR≥20dB 时，误码率优于 10^{-3} 的要求。

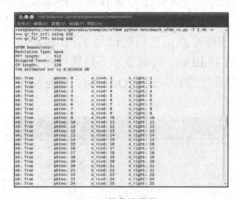

(a) BPSK 接收端界面　　　　　　　　　　　(b) QPSK 接收端界面

(c) 8PSK 接收端界面　　　　　　　　　　　(d) QAM64 接收端界面

图 8-30　不同调制方式下的接收端界面

由上分析可知，系统接收端能够准确地完成 OFDM 信号的接收和解调功能，能够准确完成信道的信噪估计功能。同时，也验证了本节制定的自适应调制方案的准确性和可行性。

2）双向通信调试结果

上面分别验证了整个 OFDM 系统的发送端和接收端的自适应调制解调，最重要的是接收端的信噪比估计算法的实现和性能。结果符合系统要求，但是，OFDM 系统最重要的是其频谱性能，下面将测试和分析本系统实现的 OFDM 系统的频谱图。

测试参数：调制方式为 QAM64 的 OFDM 信号，载频为 2.4GHz，子载波数为 200，FFT 长度为 512，带宽 222kHz。

高频信号频谱图如图 8-31 所示。图中横向每格为 55kHz，纵向每格为 10dB 增益，中心线的位置为中频频率 2.4GHz。可以看出 OFDM 系统的频谱带宽为 220k 左右，和理论值基本接近，频谱形状有一个主台阶，符合 OFDM 信号的频谱特性。在 2.3999GHz 也就是第一个旁瓣的开始处的衰减值为 15dB，这与 IEEE 802.11a 标准中第一个旁瓣开始处的衰减 20dB 相比性能不是很好，从图中可以看出，频带内信号比较平稳，但是带外衰减不够迅速，旁瓣较高，因为系统还没有加窗，而且数据帧的结构比较简单，因此，没有必要加入编码和交织部分。

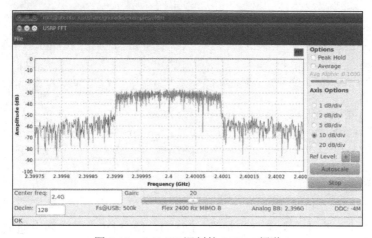

图 8-31   QAM64 调制的 OFDM 频谱

8.3   GNU Radio 的 MIMO 技术

在 gnuradio-examples/python 目录中，有两个文件夹是与 MIMO 有关的：multi-antenna 和 multi_usrp。顾名思义，multi-antenna 是同一个 USRP 母板上的两个子板，也就是两天线的 MIMO；multi-usrp 是多个 USRP 母板，这时最多可以有 4 个天线。在 mutli-antenna 的情况下，两个子板的时钟都来自于母板上的时钟，因此两个子板的信号能够同步。在 multi-usrp 的情况下，需要把一个母板设为 master，另一个设为 slave，然后从 master 上引出一个时钟信号，接到 slave 上，从而使两个 USRP 上的信号能够同步[12,13]。

8.3.1 mux 参数的含义

在讲解 multi-antenna 和 multi_usrp 之前，先来了解一下 mux 这个关键的参数，这有助于了解在 MIMO 的配置下，各个子板上的数据是如何复用和传输的。

首先从接收方向开始。在 usrp_standard.h 中，有这样一段说明。

```
/*!
 * \brief Set input mux configuration.
 *
 * This determines which ADC (or constant zero) is connected to
 * each DDC input.  There are 4 DDCs.  Each has two inputs.
 *
 * <pre>
 * Mux value:
 *
 *    3     2     1
 *  1 0 9 8 7 6 5 4 3 2 1 0 9 8 7 6 5 4 3 2 1 0 9 8 7 6 5 4 3 2 1 0
 * +-------+-------+-------+-------+-------+-------+-------+-------+
 * |  Q3   |  I3   |  Q2   |  I2   |  Q1   |  I1   |  Q0   |  I0   |
 * +-------+-------+-------+-------+-------+-------+-------+-------+
 *
 * Each 4-bit I field is either 0,1,2,3
 * Each 4-bit Q field is either 0,1,2,3 or 0xf (input is const zero)
 * All Q's must be 0xf or none of them may be 0xf
 * </pre>
 */
bool set_mux (int mux);
```

在 FPGA 上，有 4 个数字下变频器（DDC），每个 DDC 都有两个通道，即 I 通道和 Q 通道。在 AD 芯片上，有 4 个 ADC 通道。以典型的 2 天线 MIMO 复数采样为例，4 个 ADC 通道分别对应子板 A 的 I 路和 Q 路，以及子板 B 的 I 路和 Q 路。这 4 路信号分别送到 4 个 DDC 通道，下变频之后，放到 USB 上传输。例如，USB 上的发送序列可能是 I0 Q0 I1 Q1 I0 Q0 I1 Q1···。注意：所有输入信道必须是相同的数据速率（即同样的抽样率）。

图 8-32 是 mux 参数各个字段的含义。mux 参数共 32bit，每 4bit 一个值，这个值可以是[0，1，2，3]，表示 ADC0，ADC1，ADC2，ADC3。其中 Q 通道可以是 0xf，即不使用 Q 通道。GNU Radio 规定：Q 通道要么都用，要么都不用。在典型的 2 天线 MIMO 复数采样的情况下，mux 值可以设为 0x0123。它表示 ADC0 连接到 DDC1 的 I 通道，ADC1 连接到 DDC1 的 Q 通道；ADC2 连接到 DDC0 的 I 通道，ADC3 连接到 DDC0 的 Q 通道。这样，在 Python 脚本中，从 usrp_source 收到的数据流就是子板 A

的 sample（复数，包含 I 路和 Q 路），子板 B 的 sample，二者交替传输。

DDC3		DDC2		DDC1		DDC0	
Q3(4bit)	I3(4bit)	Q2(4bit)	I2(4bit)	Q1(4bit)	I1(4bit)	Q0(4bit)	Q0(4bit)

图 8-32　mux 参数含义

当然，也可以随意把 mux 值设成别的配置，如 0x1320。这样收到的数据流就把子板 A 的 I 路和子板 B 的 I 路合成了一个复数，显然这样就没有物理意义了。实际上，可以试试随意设一个 mux 值，可能会发现它没有像期望的那样产生奇怪的结果，这说明 GNU Radio 内部可能对这个参数进行了某种约束。MIMO 数据复用示意图如图 8-33 所示。

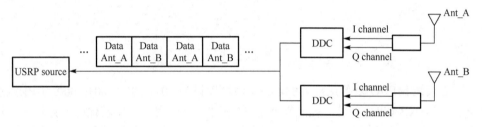

图 8-33　MIMO 数据复用示意图

类似地，在发射方向上，4 个 DUC 对应 4 个 DAC。在 usrp_standard.h 中有如下说明。

```
/*!
 * \brief Set output mux configuration.
 *
 * <pre>
 *     3          2          1
 *  1 0 9 8 7 6 5 4 3 2 1 0 9 8 7 6 5 4 3 2 1 0 9 8 7 6 5 4 3 2 1 0
 * +-------------------------------+-------+-------+-------+-------+
 * |                               | DAC3  | DAC2  | DAC1  | DAC0  |
 * +-------------------------------+-------+-------+-------+-------+
 *
 * There are two interpolators with complex inputs and outputs.
 * There are four DACs.
 *
 * Each 4-bit DACx field specifies the source for the DAC and
 * whether or not that DAC is enabled.  Each subfield is coded
 * like this:
 *
 *     3 2 1 0
```

```
*    +-+-----+
*    |E|  N  |
*    +-+-----+
*
* Where E is set if the DAC is enabled, and N specifies which
* interpolator output is connected to this DAC.
*
*   N   which interp output
* ---   ------------------
*   0   chan 0 I
*   1   chan 0 Q
*   2   chan 1 I
*   3   chan 1 Q
* </pre>
*/
bool set_mux (int mux);
```

以 2 天线 MIMO 复数采样为例，mux 值可以设为 1011 1010 1001 1000，用十六进制表示就是 0xBA98。不过，在配置 mux 参数时，可以用一个比较保险的办法——用函数 determin_rx_mux_value 或者 determin_tx_mux_value 来获得合适的 mux 值。这两个函数会自动地根据子板类型、选择的通道数（channel）进行判断和计算，最后将得到一个 mux 值作为函数的返回值。

8.3.2　代码示例

1）两天线接收

首先来看一个两天线接收的例子。一个 USRP 母板上插了两个 RFX900 的子板，然后用 FFT 模块来分别观察两个天线收到的信号，其中一个子板的中心频率设为 939MHz，另一个设为 939.2MHz。

```python
#!/usr/bin/env python

from gnuradio import gr, gru, eng_notation, optfir
from gnuradio import usrp
from gnuradio.eng_option import eng_option
import math
import sys
from numpy.numarray import fft
from optparse import OptionParser
from gnuradio.wxgui import stdgui2, fftsink2, scopesink2
import wx
```

```
class top_graph (stdgui2.std_top_block):
    def __init__ (self, frame, panel, vbox, argv):
        stdgui2.std_top_block.__init__ (self, frame, panel, vbox, argv)
        # ----------------- parameters setting ------------------
        sample_rate = 1e6 # 1MHz
        usrp_decim = int(64e6 / sample_rate)
        antenna_num = 2
        freq_a = 939e6
        freq_b = 939.2e6
        db_gain = 45.0
        # ------------------ USRP init ------------------
        self.u = usrp.source_c (0, usrp_decim)
        self.u.set_nchannels(antenna_num)
        subdev_a = usrp.selected_subdev(self.u, (0,0)) # (0,0) is A side;
(1,0) is B side
        subdev_b = usrp.selected_subdev(self.u, (1,0))
        print "A side:", subdev_a.name()
        print "B side", subdev_b.name()
        subdev_a.select_rx_antenna('TX/RX')
        subdev_b.select_rx_antenna('TX/RX')
        subdev_a.set_gain(db_gain)
        subdev_b.set_gain(db_gain)
        subdev_a.set_auto_tr(False)
        subdev_b.set_auto_tr(False)
        r = self.u.tune(0, subdev_a, freq_a)
        if not(r):
            print "A side: Failed to set initial frequency"
        else:
            print "A side: The carrier frequency is set as ", freq_a
        r = self.u.tune(1, subdev_b, freq_b)
        if not(r):
            print "B side: Failed to set initial frequency"
        else:
            print "B side: The carrier frequency is set as ", freq_b
        mux_val = 0x0123
        self.u.set_mux(mux_val)
        print "mux_val = 0x%x" % gru.hexint(mux_val)
        # ------------------ flow graph ------------------
        # s2p
        self.s2p = gr.deinterleave(gr.sizeof_gr_complex)
        # sink
        self.null_sink = gr.null_sink(gr.sizeof_gr_complex)
```

```
        self.connect(self.u, self.s2p)
        # fft scope
        self.spectrum_a = fftsink2.fft_sink_c (panel, fft_size=1024,
        sample_rate=sample_rate,title="Spectrum on Antenna A")
        self.connect ((self.s2p,0), self.spectrum_a)
        vbox.Add (self.spectrum_a.win, 1, wx.EXPAND)
        self.spectrum_b = fftsink2.fft_sink_c (panel, fft_size=1024,
        sample_rate=sample_rate,title="Spectrum on Antenna B")
        self.connect ((self.s2p,1), self.spectrum_b)
        vbox.Add (self.spectrum_b.win, 1, wx.EXPAND)
def main ():
    app = stdgui2.stdapp(top_graph, "2 Antenna Rx")
    app.MainLoop ()
if __name__ == '__main__':
    main ()
```

这个程序的流图非常简单，如图 8-34 所示。

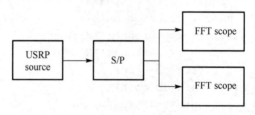

图 8-34　天线接收程序流图

图 8-34 中，使用 USRP 作为信源，S/P 对应程序中的 gr.deinterleave 函数，主要作用是解交织，FFT scope 相当于一个频谱示波器。在这个程序中，mux 值设为 0x0123。运行的结果如下。

```
Launching a SCIM daemon with Socket FrontEnd...
Loading simple Config module ...
Creating backend ...
Loading socket FrontEnd module ...
Starting SCIM as daemon ...
GTK Panel of SCIM 1.4.7

A side: Flex 900 Rx MIMO B
B side Flex 900 Rx MIMO B
A side: The carrier frequency is set as 939000000.0
B side: The carrier frequency is set as 939200000.0

mux_val = 0x123
```

天线接收的信号频谱显示的窗口如图 8-35 所示。

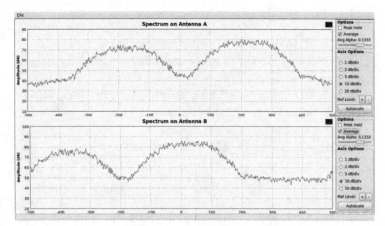

图 8-35　天线接收的信号频谱

从图 8-35 中可以看到，两个天线收到的信号的频谱形状是一样的，只是子板 B 的中心频率高了 200Hz。

2）两天线发射

下面介绍一个两发两收的例子，但是两天线不是工作在同一频率，因为接收端只是用 FFT 观察频谱，如果是同频就不能明显地观察出来了，需要 MIMO 解调。若改成同一频率也是没有问题的，那样就变成标准的 2×2MIMO 了。其实，一个传输链路同时工作在两个频率，也是时下热门的"载波聚合（carrier aggregation）"技术，只不过这里的实现方法比较"低级"而已。这个例子用到两个 USRP，每个 USRP 插了两块 RFX2400 子板。一个天线工作在 2.45GHz，另一个天线工作在 2.46GHz。

发射端的代码如下。

```python
#!/usr/bin/env python
from gnuradio import gr, gru
from gnuradio import usrp
from gnuradio.wxgui import stdgui2, scopesink2
import wx


class top_graph (stdgui2.std_top_block):
    def __init__(self, frame, panel, vbox, argv):
        stdgui2.std_top_block.__init__(self, frame, panel, vbox, argv)
        # ------------------ parameters setting ------------------
        sample_rate = 1e6 # 1MHz
        usrp_decim = int(64e6 / sample_rate)
        antenna_num = 2
```

```
freq_a = 2450e6
freq_b = 2460e6
# ----------------- USRP init ------------------
self.u = usrp.sink_c (0, usrp_decim)
self.u.set_nchannels(antenna_num)
subdev_a = usrp.selected_subdev(self.u, (0,0))
subdev_b = usrp.selected_subdev(self.u, (1,0))
print "A side:", subdev_a.name()
print "B side", subdev_b.name()
subdev_a.select_rx_antenna('TX/RX')
subdev_b.select_rx_antenna('TX/RX')
subdev_a.set_auto_tr(True)
subdev_b.set_auto_tr(True)
r = self.u.tune(0, subdev_a, freq_a)
if not(r):
    print "A side: Failed to set initial frequency"
else:
    print "A side: The carrier frequency is set as ", freq_a
r = self.u.tune(1, subdev_b, freq_b)
if not(r):
    print "B side: Failed to set initial frequency"
else:
    print "B side: The carrier frequency is set as ", freq_b
mux_val = 0xBA98
self.u.set_mux(mux_val)
print "mux_val = 0x%x" % gru.hexint(mux_val)
# ----------------- flow graph ------------------
# source
src0 = gr.sig_source_c (sample_rate, gr.GR_SIN_WAVE, 20e3, 10000)
src1 = gr.sig_source_c (sample_rate, gr.GR_SQR_WAVE, 20e3, 10000)
# p2s
p2s = gr.interleave(gr.sizeof_gr_complex)
self.connect (src0, (p2s, 0))
self.connect (src1, (p2s, 1))
self.connect(p2s, self.u)
    # oscilloscope
self.scope_a = scopesink2.scope_sink_c(panel, sample_rate=
sample_rate)
self.connect (src0, self.scope_a)
vbox.Add (self.scope_a.win, 1, wx.EXPAND)
self.scope_b = scopesink2.scope_sink_c(panel, sample_rate=
sample_rate)
```

```
        self.connect (src1, self.scope_b)
        vbox.Add (self.scope_b.win, 1, wx.EXPAND)
def main ():
    app = stdgui2.stdapp(top_graph, "2 Antenna Tx")
app.MainLoop ()
if __name__ == '__main__':
    main ()
```

以上程序的流图如图 8-36 所示。

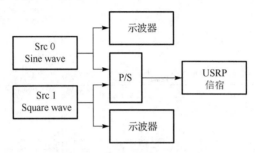

图 8-36　天线发射程序的流图

图 8-36 中，有两路信号输入，分别是正弦波和方波信号，这两路信号分别在示波器（oscilloscope）上显示，同时通过交织运算（P/S），该运算对应程序中的 gr.interleave 函数操作。最后送给 VSRP 信宿进行发射。这里 mux 值设为 0xBA98，图 8-37 是流图中的两个示波器显示的正弦波和方波波形。黑色和灰色两条线分别是信号的 I 路和 Q 路，也就是复数的实部和虚部。

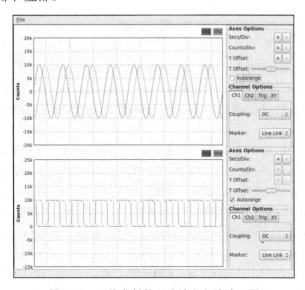

图 8-37　天线发射的正弦波和方波波形图

在接收端，运行了一个两天线接收程序，使一个天线工作在 2.45GHz，另一个天线工作在 2.46GHz。可以看到方波的波形发生了变化，这主要是因为经过有限带宽的无线信道传输之后，高频成分丢失了，如图 8-38 所示。

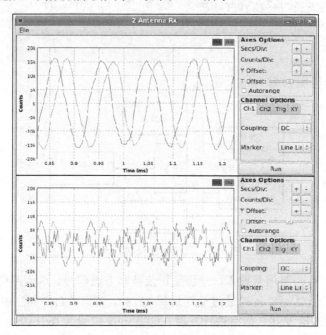

图 8-38　天线接收的正弦波和方波波形图

参 考 文 献

[1]　樊昌兴, 曹丽娜. 通信原理[M]. 6 版. 北京: 国防工业出版社. 2010.

[2]　移动通信——BPSK 调制与解调报告[EB/OL]. http://wenku.baidu.com/link?url=X5ffl4hTgr0HuF47sb1 UhENGzj3hr844xuVlw5yq0DOTAQVp-ee06Ly9SFzR_e1inBS9Tym-1tApUVga9OjoONtDAtGVJR 3aguenqQynGcG.

[3]　任熠. GNU Radio+USRP 平台的研究及多种调制方式的实现[D]. 北京: 北京交通大学, 2012.

[4]　Digital Modulation Primer using GNU Radio[EB/OL]. http://static1.1.sqspcdn.com/static/f/679473/ 24369531/1392309732180/mpsk.pdf?token=BKyKPML1AM3Mts4RdHgVhkKpsis%3D.

[5]　王奇. 基于 GNU Radio 的软件无线电平台研究[D]. 哈尔滨: 哈尔滨工业大学, 2011.

[6]　Gebali F. Software Defined Radio[M]// Analysis of Computer Networks. Berlin: Springer, 2015: 433-444.

[7]　海曼无线. GNU Radio 入门[EB/OL]. http://download.csdn.net/detail/u012761458/7893813.

[8]　How to debug GNU Radio applications [EB/OL]. https://gnuradio.org/redmine/projects/gnuradio/wiki/

TutorialsDebugging.

[9]　Marwanto A, Sarijari M A, Fisal N, et al. Experimental study of OFDM implementation utilizing GNU radio and USRP-SDR[C]. Communications (MICC), 2009 IEEE 9th Malaysia International Conference on, IEEE, 2009: 132-135.

[10]　GNU Radio 中 OFDM Tunnel 详解[EB/OL]. http: //blog.csdn.net/yuan1164345228/article/details/ 17584045.

[11]　王白云. OFDM 系统的研究和基于 GNU Radio 软件无线电平台的实现[D]. 西安: 西安电子科技大学, 2013.

[12]　Li X, Hu W, Zadeh H Y, et al. A case study of a MIMO SDR implementation[C]. Military Communications Conference, 2008. MILCOM 2008, IEEE, 2008: 1-7.

[13]　Shi X. Implementation of alamouti mimo communication system using usrp/gnu radio transceivers [D]. New York: State University of New York at Buffalo, 2013.

第9章 GNU Radio 科研项目

9.1 GNU Radio 科研项目概述

GNU Radio 旨在鼓励全球技术人员在这一领域协作与创新，目前已经具有一定的影响力。基于该平台，用户能够以软件编程的方式灵活地构建各种无线应用，进而很好地实现认知无线电的认知任务。

很多科研机构和科研院所都将 GNU Radio+USRP 列为重要研究课题的验证工具，在很多方面有着很好的应用和开发潜力，如认知无线电、MIMO 系统、无线自组织网络、无线网状网、频谱感知、频谱接入、4G 移动通信、MAC 协议研究等，由于 USRP 低廉的价格，较为简单的使用方法，使它成为了无线科学研究领域又一个炙手可热的焦点。

经过几年的发展，各地的研究者和爱好者已经发展了多种科研项目：①由意大利比萨大学研究的 DVB-T 实时接收播放系统，使用一个单核奔腾 3GHz CPU 处理，这个模块将集成到 GNU Radio 中；②弗吉尼亚理工大学的无线通信技术研究中心（CWT）使用 GNU Radio 和 USRP 实现 SmartRadio 认知无线电项目，这个项目是为了在灾后能迅速发现周围的无线电通信信号，并与之通信，其已获得 2007 年软件定义无线电论坛举办的智能无线电挑战赛（SDR Forum Smart Radio Challenge 2007）的金奖；③得克萨斯大学的无线网络与通信联合组（WNCG）利用 GNU Radio 和 USRP 实现 MIMO 和多跳网络的测试；④由 Samra 和 Burgess 开始研究建设的 OpenBTS 项目；⑤由得克萨斯大学电子与计算机工程系无线通信与网络技术工作组开发的 Hydra 项目；⑥本书作者所在的课题组研究的基于 GNU Radio 的压缩频谱感知项目。除了列出的这些还有很多相关的科研项目正在展开，在此不再一一列出。

本章将在下面的章节中，针对 OpenBTS 项目、Hydra 项目以及压缩频谱感知项目进行详细的介绍。

9.2 GNU Radio 科研项目介绍

9.2.1 OpenBTS 项目

1. GSM 简介

GSM 网络系统主要是由交换网络子系统（Network Switching Subsystem，NSS）、无线基站子系统（Base Station Subsystem，BSS）、操作维护中心（Operation and

Maintenance Center，OMC）和移动台（Mobile Station，MS）4 部分组成[1]。GSM 基本结构如图 9-1 所示，NSS 包括拜访位置寄存器（Visitor Location Register，VLR）、鉴权中心（Authentication Center，AUC）、移动业务交换中心（Mobile Services Switching Center，MSC）、归属位置寄存器（Home Location Register，HLR）和移动设备识别寄存器（Equipment Identity Register，EIR）；BSS 包括基站控制器（Base Station Controller，BSC）和基站收发信台（Base Transceiver Station，BTS）。协议的性能保证和实现等方面的研究，主要集中在 Um 接口，即 BSS 与 MS 之间，如物理层、链路层与信令层的三层协议栈。

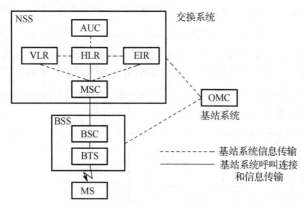

图 9-1　GSM 基本结构

Um 接口是 MS 和系统连接的接口，如图 9-2 所示。该接口上面的信息全部在空中传递[2]。

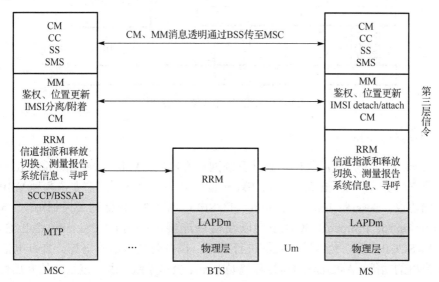

图 9-2　GSM 中的 Um 空中接口

对图 9-2 说明如下。

（1）物理层：Um 接口的物理层建立在空中接口之中，物理层对逻辑信道进行分类，各逻辑信道上承载传输上层信息。

（2）链路层：Um 接口的链路层采用 LAPDm（Link Access Protocol of the Dm Channel）协议，该协议是在综合业务数字网（Integrated Services Digital Network，ISDN）的 LAPD 协议基础上尽量减少不必要的字段以节省信道资源。鉴于 TDMA 系统提供定位和信道纠错编码，去除帧定界标志和帧校验序列。

（3）信令层：Um 接口的信令层是收发和处理信令消息的实体，因为在该接口上存在不同的逻辑信道，因此，为了合理地分配信令于逻辑信道上，Um 的信令层中包括了无线资源管理（Radio Resource Management，RRM）、移动性管理（Mobile Management，MM)与连接控制管理（Control Management，CM）三个子层，其中在呼叫控制管理层（Call Control，CC）单元，提供并行呼叫处理能力，同时还包含了补充服务（Supplementary Service，SS）和短消息服务（Short Message Service，SMS）。无线 Um 接口的三层结构如图 9-3 所示。

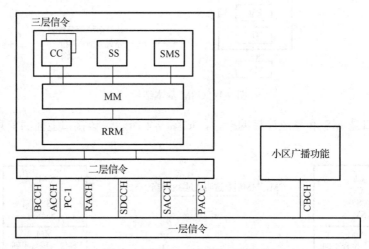

图 9-3　无线 Um 接口的三层结构

2. Asterisk 介绍

Asterisk 是一个开放源代码的软件互联网语音协议（Voice over Internet Protocol，VoIP）用户级交换机（Private Branch Exchange，PBX）系统[3]。它支持各种 VoIP，如会话初始协议（Session Initiation Protocol，SIP）、H.323、媒体网关控制协议（Media Gateway Control Protocol，MGCP）以及信令连接控制协议（Skinny Call Control Protocol，SCCP）等，允许用户之间进行通话、拨打公共电话号码等，具有电话专用小型交换机的功能。Asterisk 的运行环境是 Linux 操作系统，由于该软件的开放性，用户可以通过灵活配置方便地扩展系统的功能，甚至编程开发自己所需功能的模块。另外，Asterisk 提供了很多电信功能，能够把 PC 主机变成简易的交换机。Asterisk 提供的功能包括语音信箱、电话会议和交互式语音应答等[4,5]。

3. OpenBTS 概述

OpenBTS 是第一个开源工业标准的 GSM 协议栈，它能够以极低的成本构建 GSM 网络平台。OpenBTS 网络最初是由 Samra 和 Burgess 开始研究建设的，目的是为石油钻井平台或发展中国家的农村等偏远地区提供低成本的 GSM 服务[6,7]。源码下载链接为 http://sourceforge.net/projects/openbts。OpenBTS 入门的各种问题可以在如下的链接找到：http://gnuradio.org/redmine/pr-ojects/gnuradio/wiki/OpenBTS。

OpenBTS 是在开源软件无线电 GNU Radio 项目上开发的一种软件 GSM 基站收发器，它基于软件的 GSM 接入端口。OpenBTS 利用 USRP 和 GNU Radio 实现 GSM 空中接口（Um 接口）三层协议，利用 Asterisk 软交换（Asterisk software PBX）来连接呼叫，从而可以支持 GSM 制式手机之间通过 OpenBTS 网络的通话。因此，GSM 兼容的标准移动台（如手机等）可以利用其提供的接口实现电话拨打功能，而不需要依赖其他现成的移动运营商的接口[8-10]。在国外已有成功 OpenBTS 部署的案例，例如，在南太平洋上一个陆地面积为 258 平方公里，人口为 1700 人左右的纽埃岛上，2010 年安装了 OpenBTS 系统作为该国的移动通信网络。国内目前无商用范例，民间的研究还局限在个人的兴趣爱好，没有系统的协议介绍和无线资源管理方面的研究。

在 OpenBTS 中使用 Asterisk 取代 GSM 框架中的 MSC，OpenBTS-SIP 的集成是 OpenBTS 框架中核心的部分。在 OpenBTS 网络中，使用信令协议 SIP 执行 Asterisk 和 RTP/RTCP 中的呼叫流程，以传输语音数据，GSM 手机与基站 BTS 的通信，都会作为 SIP 终端（SIP 名称是手机 SIM 卡的 15 位 IMSI 号）出现[11]。

4. OpenBTS 系统架构

OpenBTS 是用 C++语言编写实现的。OpenBTS 充当了 GSM 网络端的大部分基础设施功能（从 BTS 向上，包括 BTS、BSC、MSC、VLR 和 HLR 等）。例如，在使用 OpenBTS 时，呼叫被发送到一台运行 Asterisk（充当一台小型交换机）的机器上代替了 MSC 的功能。此外，OpenBTS 中还添加了 Smqueue 的功能，以实现提供 SMS。它的网络结构图如图 9-4 所示。

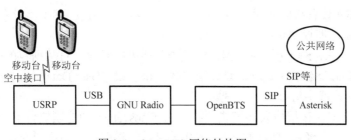

图 9-4　OpenBTS 网络结构图

　　移动台首先通过无线链路连接到 USRP，USRP 是网络端唯一的进行无线通信的硬件设备。随后 USRP 通过 USB 2.0 将数据发送给 GNU Radio 系统。GNU Radio 作为 OpenBTS 从 USRP 收发数据的接口（OpenBTS 只能通过 GNU Radio 来操作 USRP）[7]。最后 Asterisk 服务器用来进行用户管理与呼叫转移。OpenBTS 的软件主体框架如图 9-5 所示。

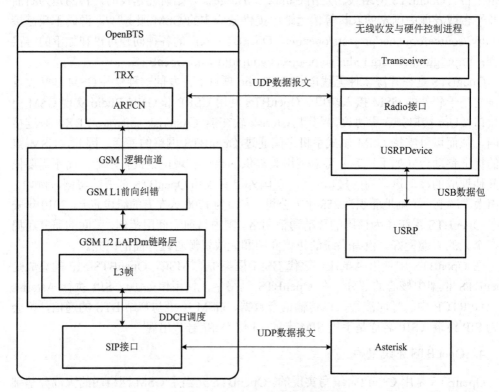

图 9-5　OpenBTS 的软件主体框架

　　图 9-5 中与 BTS 相关的有三个进程：Transceiver、OpenBTS 和 Asterisk，其中 Asterisk 需要另外安装，Transceiver、OpenBTS 都在 OpenBTS 源码包中有相应的源码程序。现以一个上行的数据流流程为例对图 9-5 进行说明。

　　（1）USRP 设备接收到手机终端发送的上行数据，通过 USB 端口将 IQ 数据包交予 Transceiver 功能模块进行分析处理。

　　（2）Transceiver 功能模块根据接收数据包所处的时隙，对数据包的类型进行区分加以分类，按照一定格式要求封装成用户数据报协议（User Datagram Protocol，UDP）报文传送到协议栈中进行分析处理。

　　（3）OpenBTS 三层协议栈模块接收到由 Transceiver 功能模块传递的 UDP 报文，解复用突发序列，经由对应的逻辑信道传输到数据链路层。数据链路层中先进行状态机的确认，经过重传子帧与拆装子帧，进行信令处理，最后 UDP 报文交予 SIP Interface 功能模块，其中 DDCH 为 F 行链路数据信道。

（4）SIP Interface 功能模块通过 UDP 报文的方式实现与 Asterisk 软件进程的通信。

（5）Asterisk 根据收到的信息，进行相应的处理，若是注册信息，则根据 sip.conf 中配置好的参数，注册一个手机对应的 SIP 用户。

下行数据流就是上行数据流的反向流程，值得注意的是时间戳的概念，时间戳可以保证 USRP 在固定准确的时刻发送由计算机传输的数据包，而且该过程不会受到计算机内部处理进程而导致的时延影响。

5. OpenBTS 的搭建与配置

表 9-1 为搭建 OpenBTS 网络所需要的硬件、软件和测试工具。

表 9-1　搭建 OpenBTS 网络系统所需环境

PC 软硬件环境	
笔记本电脑	联想 E49A
操作系统	Ubuntu 10.10
GNU Radio	3.4.2
OpenBTS	2.6
Asterisk	1.6.2.6
软件无线电设备	
SDR	USRP 套件
测试手机	
GSM 手机	

搭建 OpenBTS 网络环境的整个过程分为 4 步。

1）相关软件安装

（1）安装 OpenBTS 依赖库文件，先下载最新的 osip2、ortp 版本，安装命令如下。

```
$ tar xvzf libosip2-3.3.0.tar.gz
$ cd libosip2-3.3.0
$ ./configure
$ make
$ sudo make install
$ tar xvzf ortp-0.16.1 .tar.gz
$ cd ortp-0.16.1
$ ./configure
$ make
$ sudo make install
```

（2）安装 Asterisk，命令如下。

```
$ tar xvzf asterisdk-1.6.2.6.tar.gz
```

```
$ cd asterisdk-1.6.2.6
$ ./configure
$ make
$ sudo make install
```

（3）下载 OpenBTS 2.6，然后安装 OpenBTS，命令如下。

```
$ tar xvzf openbts-2.5.4Lacassine.tar.gz.tar.gz
$ cd openbts-2.5.4Lacassine
$ ./configure
$ make
$ sudo make install
```

2）环境配置

（1）配置 openbts.config。

将 app 下的 openbts.example.config 复制为 openbts.config，通过修改 openbts.config 相关参数配置 OpenBTS。设置 PLMN（MCC+MNC），MCC 为国家号，如中国为 460，MNC 为网络号，如中国移动为 01 和 02。最好将 OpenBTS 的 PLMN 设置为手机 prefer PLMN 列表中的 PLMN 号，使手机能够更为顺利地找到 OpenBTS。此处设置为 460-02，为中国移动在 1800MHz 频段备用的 PLMN 号，一般国内的手机都将此 PLMN 号列入 prefer PLMN 列表（也可用 001 01 这个号，是一个测试用的 PLMN 号，保证不会与运营商的网络冲突）。

设置工作频段 GSM.Band，将频段设为 900MHz。设置 GSM.ARFCN，需要将 OpenBTS 的工作频点设置为当前空闲的频点，通过 usrp_fft.py 扫描 900MHz 下行频段，找到空闲的频点（用 f 表示）。900MHz 下行频段的 ARFCN 可以通过公式 ARFCN=(f-935)/0.2 得到。此处使用 35 号频点（即 942MHz）（这里是通过频谱扫描确定频点，建议读者也先观察一下，看哪个频点是可用的），若频点设为 956MHz，则通过公式可推算出 ARFCN=105。

（2）配置 Asterisk。

将 OpenBTS 中 AsteriskConfigure 文件夹下的 sip.conf 和 extensions.conf 的内容复制到 etc/asterisk 下的 sip.conf 和 extensions.conf。若使用自动注册用户程序，则不用对 sip.conf 和 extensions.conf 文件进行编辑。

若使用手动注册，则需修改 sip.conf 和 extensions.conf 文件，过程如下。

① 得到 SIM 卡的 IMSI 号。

通过 OpenBTS 自身得到 IMSI 号，当手机试图接入 OpenBTS 时，会向 OpenBTS 发送 IMSI 号，可通过 OpenBTS 的命令行界面显示的信息中读出，如下所示。

```
RadioResource.cpp:152: AccessGrantResponder  RA=0x15  when=0:1192710
age=25 TOA=0.0000
ChannelDescription=(typeAndOffset=SDCCH/4-0  TN=0  TSC=0  ARFCN=975)
```

```
RequestReference=(RA=21 T1'=3 T2=12 T3=24) TimingAdvance=0
MobilityManagement.cpp:119: LocationUpdatingController MM Location
Updating Request LAI=(MCC=901 MNC=55 LAC=0x29b) MobileIdentity=
(TMSI=0x49ffcddd)
MobilityManagement.cpp:172: LocationUpdatingController registration
FAIL: IMSI=234100223456161
```

② 把第①步得到的 IMSI 号写入 sip.conf 中，示例如下。

```
 [IMSI460004311159502] ; 460004311159502 为 IMSI 号
callerid=IMSI460004311159502 <2102>;<>内为该手机的号码
canreinvite=no
type=friend
allow=gsm
context=sip-external
host=dynamic
```

③ 在 extensions.conf 中[sip-local]中加入如下语句。

```
...
[sip-local]
; local extensions
; This is a simple mapping between extensions and IMSIs.
exten => 2102,1,Macro(dialSIP,IMSI460004311159502);
...
```

　　重启 Asterisk，在命令行界面中输入 sip reload 和 dialplan reload。在命令行界面中输入 sip show peers 可以看到在线用户的 IP 和端口号。

　　3）安装 SMS 服务器
　　将 OpenBTS 中的 smqueue 文件夹下的 smnet.cpp 的第 424 行。

```
char *p = strchr(str, ':');
char *host, *port;
```

改为如下内容。

```
const char *p=strchr(str,':');
const char *port;
char *host;
```

在 smqueue/下输入如下代码。

```
make -f Makefile.standalone
```

接着将 smqueue 下的 smqueue.example.config 复制为 smqueue.config 即可。

4）OpenBTS 及相关软件的启动

（1）启动 OpenBTS，开启 shell 终端，命令如下。

```
cd openbts-2.5.4Lacassine/apps/
sudo ./OpenBTS
```

（2）另外开启一个 shell 终端，启动 Asterisk，执行如下命令。

```
sudo asterisk -vvvvvc
```

另外开启一个 shell 终端，运行 OpenBTS 短信平台，执行如下命令。

```
cd openbts-2.5.4Lacassine/smqueue/
sudo ./smqueue
```

5）手机搜索和接入 OpenBTS

（1）将手机搜索运营商方式从自动设为手动，这时手机会自动开始搜索网络，一般情况下，第一次搜索找不到 OpenBTS 的网络，只搜索到中国移动和中国联通。

（2）选择连接非手机的 SIM 卡所在运营商的网络（如中国移动的 SIM 卡来连接中国联通），这时，手机会显示无法进入该网络，并处于无网络的状态。

（3）重新进行手动搜索，这时会找到 OpenBTS 的网络（有时出现的是 OpenBTS 的 PLMN 号，如 460-02，或其他奇怪的名字，依手机的不同而定），选择 OpenBTS 的网络并接入。

6）改装 OpenBTS 软硬件，使其可以使用外接 52MHz 时钟

（1）USRP 硬件改装：首先，在 J2001 处焊接 SMA 连接头，作为时钟输入，小心不要弄断 J2001 与 C927 之间的连接线；然后，将 0Ω 电阻 R_{2029} 移至 R_{2030} 的位置，从而阻断内部时钟；接着，将 C925 移至 C926 的位置；最后，去掉 C294。

（2）GNU Radio 软件调整，对于 GNU Radio 3.2 或更高的版本，需要进行如下修改。将 usrp/host/lib/legacy/usrp_basic.cc 的第 116 行改为如下代码。

```
d_verbose (false), d_fpga_master_clock_freq(52000000), d_db(2)
```

将 usrp/host/lib/legacy/usrp_standard.cc 的第 1024 行注释掉。

```
// assert (dac_rate() == 128000000);
```

将 usrp/host/lib/legacy/db_flexrf.cc 的第 179 行改为如下代码。

```
return 52e6/_refclk_divisor();
```

（3）重新编译 GNU Radio 和 OpenBTS：在 GNU Radio 的 usrp 文件夹下，重新编译，命令如下。

```
make
sudo make install
```

重新编译 OpenBTS，将 openbts-2.6 下 apps/OpenBTS.config 文件中 TRX.Path 选项改为如下代码。

```
TRX.Path ../Transceiver52M/transceiver。
```

6. OpenBTS 中时间戳的工作机制

OpenBTS 采用时间戳（timestamp）的方式来保证计算机能得到精确的定时。也就是计算机告诉 USRP，若要在某个准确的时间发送信号，USRP 就会在那个时间发送，不会受到计算机内部处理时延不确定的影响。时间戳是 OpenBTS 实现严格时隙同步的一个非常漂亮的方案[12]。

1）USRP 与 OpenBTS 的接口

OpenBTS 软件与 USRP 硬件通过 USB 交换 IQ 数据。两者之间交换的数据遵循以下格式。首先，每个数据包的长度都是 512B，其中前 8B 是控制字段，后面 504B 是 IQ 数据。

在接收方向，数据包的构成包括一些控制比特、数据包长度、时间戳、数据，如表 9-2 所示。

表 9-2　接收数据包的构成

2B	2B	4B	504B
包头控制字段	负载字段	时间戳	IQ 数据

前两字节的控制比特含义如表 9-3 所示。

表 9-3　接收数据包前两字节比特含义

位置	比特数	含义
15	1	保留
14	1	数据传输速度指示
11～13	3	保留
5～10	6	RSSI：接收信号强度指示
0～4	5	CHAN：信道类型指示

鉴于 USB 传输的是 IQ 数据，则 I 路和 Q 路数据交替存放，在接收方向上，每次都收 126 个采样数据，连续不断地存入缓冲区，然后再从缓冲区中读出需要的数据。一般是一次读出 4 个时隙。对应实现的函数在 USRPDevice.cpp 中。

```
int USRPDevice: : readSamples (short *buf, int len, bool *overrun,
TIMESTAMP timestamp,
bool *underrun,
unsigned *RSSI)
```

其中 overrun 与 undermn 的取值为 0 与 1，分别代表 USB 传输数据的速度过快或者过慢，过快导致 USRP 缓存溢出，丢失数据，过慢导致 USRP 读取重复数据，均可由包头控制比特第 14 位进行控制。

在发射方向，发射端数据包的构成与接收方向类似，与表 9-2 相同。前两字节的包头控制比特的含义如表 9-4 所示。

表 9-4　发射数据包前两字节比特含义

位置	比特数	含义
13～15	3	保留
12	1	isStart，若是 1，表示是段的起始包
11	1	isEnd，若是 1，表示是段的末尾包
5～10	6	RSSI：接收信号强度指示
0～4	5	CHAN：信道类型指示

发射信号时，OpenBTS 系统每次发送 4 个时隙的数据，一共 625 个 sample。这 625 个 sample 被拆成 5 个包发送出去，即 126/126/126/126/121。对应实现的函数是 USRPDevice.cpp 中的 writeSamples。

```
int USRPDevice::writeSamples(short *buf, int len, bool *underrun,
unsigned long
long timestamp,
bool isControl)
```

其中，增加了 len 参数，为了区别是 126 个 sample 还是 121 个 sample。增加了 buf 参数，如果大于设定的阈值，则代表数据溢出，其他参数与接收端函数相同。

2）接口延时

在 Transceiver、Radiointerface 和 USRPDevice 中都有各自的时间变量，用于记录这个模块当前的时刻。每个时间变量，都会根据输入时间参数来更新当前时间。

GSM::Time mTransmitDeadlineClock 表示目前该发送什么时间的数据包了，因为待发送的数据是按时间顺序排列在缓存里的，因此，可以理解为是当前时间需要发送的数据包的序号，所以每发送完一次都需要加一个时隙。考虑到 PC 到 USRP 有时延，因此，必须提前把要发送的数据包发送到 USRP 中，USRP 中也按时间顺序存储，这时候时间标号被翻译成了 timestamp，而不是 GSM:Time 了。

但是数据也不能给得太早，这里采用了一个发送时延 mtransmitlatency，用来控制给数据的速度，假设当前时间为 radio->clock()，如果 mTransmitDeadlineClock 减去 radio->clock()已经小于传送时延 mtransmitlatency，此时必须马上将数据发送出去。如果 mTransmitDeadlineClock 减去 radio->clock()仍然大于 mtransmitlatency，那么说明数据包还不要急着给 USRP。

3）用时间戳实现精确定时

计算机和 USRP 都维持一个时间戳的 64 位变量作为时间标记，为了便于区分。计算机端的时间戳定义为 c_timestamp，USRP 端的时间戳定义为 u_timestamp。

在不同的模块中有不同的变量来记录时间。c_timestamp 假设为其中某个模块的时间变量。它可以通过接收 sample 的数目进行更新，如接收到了 625 个 sample 以后，c_timestamp = c_timestamp + 625。另外 c_timestamp 也成了时间戳与 GSM 时钟的桥梁，因为 c_timestamp 每增加 625，则时隙 GSM 时钟增加 4 个时隙。u_timestamp 是 USRP 的 FPGA 中的一个硬件计数器，以采样速率计数。每增加一个 sample，计数器值会增加 1。

在接收方向上，往 PC 打包数据时，会将每一个包中第一个 sample 对应的 u_timestamp 封装在数据包头处。而这个值可以通过 USRPDevice 中的 readsamples 获取。在发送方向上，发送的时间戳是 PC 在每发一个包的时候添加的，假设当前的时间戳=1000，若需要在 1000 个 sample 以后发送一组数据，则发送数据的时间戳就是 2000，USRP 的 FPGA 的定时器到达 2000 的时候，就会将需要的数据发送出去。

4）时延校准

在 USRPDevice 模块中 updateAlignment 函数的主要作用是用于时延校准，这个时延指的是从 FPGA 的计数器到信号出现在天线之间的时延。因为这部分时延不在计数器的控制范围之内，所以需要校准一下。它的目的是要知道发送时间戳和接收时间戳之间的偏差是多少。示意图如图 9-6 所示。

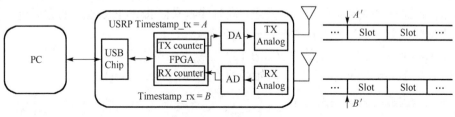

图 9-6　时延问题示意图

FPGA 中有两个计数器分别是发射和接收的时间戳计数器。两个计数器是同步的，即同步增加，而且数值是一样的。但是一个数据包从 FPGA 出来，到真正完成 DA 变换，加上一些模拟器件的时延，到达天线发送出来，是有一定时延的。所以当发送和接收的时间戳相同时，它们并不是同时出现在空中的。

举例说明，假设数据包 A 到达发射天线的时刻是 A′，此时收到一个数据包 B，时间是 B′，A′ = B′。当数据包 B 到达 FPGA 时，打上了时间戳 B。那么 B 与 A 实际上就是在同一时刻出现在空中，但 B ≠ A。有一个变量记录了这个偏差，timestampOffset = B−A，它是 USRPDevice 的一个成员变量。

接下来看看 updateAlighment 做了些什么。updateAlignment 函数会发送一个 Control

类型的数据包，其中包含时间戳 timestamp_tx = T_1。FGPA 收到这个数据包之后，马上给数据包打上一个新的时间戳 timestamp_rx = T_2。接着在 PC 侧，收到一个返回的 Control 类型的数据包。然后更新如下变量。

```
timestamp -= timestampOffset;
timestampOffset = pktTimestamp - pingTimestamp + PINGOFFSET;
LOG(DEBUG) << "updating timestamp offset to: " << timestampOffset;
timestamp += timestampOffset;
isAligned = true;
```

PINGOFFSET 是一个常数，等于 272。它反映的是 DA 到 AD 之间的时延，是一个固定的时延。不同的 FPGA 映像文件这个常数是不同的。所以 timestampOffset = T_2-T_1+PINGOFFSET。用另外一个方法也可以测量这个 timestampOffset。用 USRPping 来发送一个特殊的序列，把 TX 和 RX 设为同频，同时接收这个序列，然后检测这个特殊序列出现的时刻。同样可以算出 timestampOffset。

7. OpenBTS 主要模块代码说明

重点对 Transceiver 模块进行分析，进入到 openbts/transceiver 文件夹，里面有一个名为 readme 的文档，里面简单地介绍了 Transceiver 中三个子模块的功能。其中，USRPDevice 是前端模块，主要负责 USRP 设备的数据接收与数据发送功能；其次，Radiointerface 是中间处理模块，连接 Transceiver 和 USRPDevice，主要负责采样率的变换；第三个是 Transceiver，是与 GSM 协议栈通信传输数据包的模块，将协议栈交予的比特信息调制成基带信号进行发送，同时接收来自 Radiointerface 的数据包，判断数据的类型，交予协议栈进行数据包分析处理。

以 Transceiver 文件夹中的协议栈接收上行数据为例进行分析。

（1）从 Transceiver.cpp 开始，起始函数为 Transceiver::start()。

```
void Transceiver::start()
{
   mControlServiceLoopThread->start((void*(*)(void*))
   Control ServiceLoopAdapter,(void*) this);
}
```

通过 start 函数启动了线程 mControlServiceLoopThread，执行函数 ControlService LoopAdapter()，线程 mControlServiceLoopThread 表征与 GSM 协议栈 L1 底层信息开始进行通信。

（2）进入 ControlServiceLoopAdapter 函数。

```
void *ControlServiceLoopAdapter(Transceiver *transceiver)
{
while (1) {
```

```
transceiver->driveControl();
pthreadtestcancel();
}
return NULL;
}
```

driveControl()：处理 GSM 控制信息的执行程序，函数 ControlServiceLoopAdapter()
表征开始处理 GSM 协议栈 L1 底层信息。

（3）进入 driveControl 函数。

```
void Transceiver::driveControl()
{
...
mFIFOServiceLoopThread->start((void * (*)(void*))
FIFOServiceLoopAdapter,(void*)this);
mTransmitPriorityQueueServiceLoopThread->start((void * (*)(void*))
TransmitPriorityQueueServiceLoopAdapter,(void*) this);
...
}
```

启动线程 mFIFOServiceLoopThread，执行函数 FIFOServiceLoopAdapter()，主要
用于和 Radiointerface 模块通信，线程 mFIFOServiceLoopThread 表征与 Radiointerface
模块开始进行通信。mTransmitPriorityQueueServiceLoopThread 用于处理 GSM 上层需
要发送的数据。

（4）进入 FIFOServiceLoopAdapter 函数。

```
void *FIFOServiceLoopAdapter(Transceiver *transceiver)
{
while (1) {
transceiver->driveReceiveFIFO();
transceiver->driveTransmitFIFO();
pthread_testcancel();
}
return NULL;
}
```

driveReceiveFIFO()是读取 Radiointerface 的处理程序。driveTransmitFIFO()是往
Radiointerface 写数据的程序。注意：它们在同一个线程当中，也就是收和发是同一个
线程。这样做的目的是定时简单，避免冲突。函数 driveReceiveFIFO()表征读取与
Radiointerface 通信的数据包。

（5）进入 driveReceiveFIFO()函数。

```
void Transceiver::driveReceiveFIFO()
```

```
{
rxBurst = pullRadioVector(burstTime,RSSI,TOA);
mDataSocket.write(burstString,gSlotLen+10);
}
```

pullRadioVector(burstTime,RSSI,TOA)是具体的负责接收上行数据包的函数，进行信号处理，并将接收处理的数据返回到 rxBusrt 中，然后封装为 UDP 报文，交给 GSM 协议栈（即 OpenBTS 进程）处理。

通过上述步骤，一个简单的接收上行数据包的函数跳转流程已经展现出来，根据 Radiointerface 模块的通信数据包，利用能量检测与信道类型检测即可对应信道类型进行合适的解调过程，封装后获取 UDP 报文。

9.2.2　Hydra 项目

1. 跨层框架设计思想

无线网络需要使用跨层设计来优化整体性能。IP 层及其上面各层的协议修改都可以通过在网络节点中更新软件的方法得以实现，但是物理层与 MAC 层协议却不能这样修改，这是因为国内外的现成商用产品中物理层和 MAC 层协议已经被烧制在硬件中。因此，研究人员新提出的无线网络物理层与 MAC 层协议无法在现成的无线网络产品和系统中进行实验和研究。GNU Radio（及其配套硬件 USRP）是搭建软件型无线网络实验平台的有力工具。凭借其高度的灵活性、开放性和兼容性，它可以搭建各层协议可变的软件无线电通信系统，可以很好地解决上述问题。跨层设计在实现中的关键问题就是其复杂性，在 Ad-hoc 网络的研究中有研究者提出了跨层设计的思想，但是跨层设计要求各协议层之间需要进行复杂的交互，因此也使网络协议实现中的模块化被减弱[13]。

2. Hydra 项目概述

由位于奥斯汀的得克萨斯大学（The University of Texas at Austin）电子与计算机工程系无线通信与网络技术工作组开发的 Hydra 是根据这个框架的思想构建的实验平台[14]。Hydra 的开发动机来源于理论研究与实际系统之间的脱节。目前大部分研究都是从分析和仿真中寻求支持，而分析和仿真通常都必须首先做出一些前提假设，但这些前提假设又往往在实际的系统中难以维持（如准确的同步与信道估测）。Hydra 这个样机设计允许研究人员考察现行理论在实际环境中是否能够站住脚。

这个平台是灵活的无线多跳网络实验平台，实验平台中每一个网络节点的结构框图如图 9-7 所示。它展示了 Hydra 实验平台中每个节点的配置，包括灵活的硬件和软件，每个节点都由实现所有软件协议的主机系统和一个或一组 USRP 组成，其中每一个 USRP 板作为一个射频前端。主机系统与 USRP 板通过通用串行总线（USB 2.0）连接[15]。

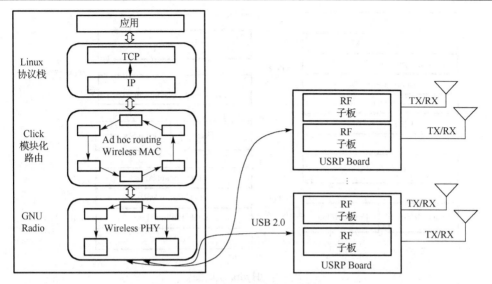

图 9-7　Hydra 多跳无线网络实验平台

　　该平台针对跨层设计的复杂性与模块化减弱的问题提出了适用于无线网络跨层设计的网络协议栈软件型框架,该框架可以灵活实现跨层设计,同时又能在很大程度上保留原来分层设计的模块化优势。

　　Hydra 一开始的设计目标是使样机设计足够灵活可变,非常容易修改。物理层与MAC 层均是由运行在装有 Linux 操作系统的通用 PC 上的可配置软件实现的。简单来说,Hydra 节点的硬件是一个或者多个 USRP 板,通过 USB 接口连接 PC,物理层由软件无线电软件 GNU Radio 实现,逻辑链路与 MAC 层由称为"Click 模块路由"的软件系统实现,上层就是 Linux 操作系统的协议栈了。

　　3. Hydra 系统架构

　　如图 9-8 所示,Hydra 主要由射频前端、物理层、MAC 层和其他协议层组成[16]。

　　1) 射频前端

　　Hydra 的射频前端就是 USRP 套件,由一个母板和 1~2 个 RF 子板组成。GNU Radio 为射频前端定义了一个灵活的 API,通过这个 API 能够重新配置 USRP 的 RF 子板。RF 子板是带有可编程增益控制的频率敏感的无线电收发器。另外,USRP 在各个子板之间采用了完全同步设计,因而可以实现多天线收发(即 MIMO)。

　　2) 物理层

　　Hydra 使用 GNU Radio 框架来实现物理层,这个开源软件框架处理所有的硬件接口、多线程以及可移植性问题等,从而使研究人员能够专注于信号处理等软件无线电设计方面。正如第 3 章所述,在 GNU Radio 框架下实现一个协议,用户首先要用 C++建立信号处理模块,然后用 Python 把这些信号处理模块连接起来形成信号流向图。

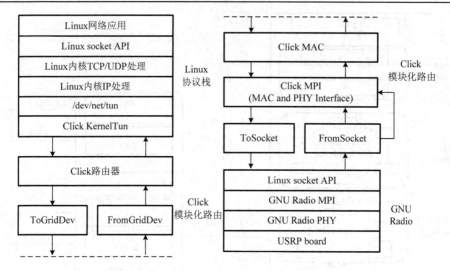

图 9-8 Hydra 模块图

为了能够研究前沿物理层技术，如 MIMO、OFDMA 以及编码等，Hydra 的物理层设计支持 OFDM、信道编码以及多天线技术。通过一个本地的 IP 连接，Hydra 以 UDP 的方式实现了一个灵活的物理层和 MAC 层的消息传递接口（MAC and PHY Interface，MPI)，这个低时延的 IP 连接能够为跨层通信提供一个高效的接口，从而有利于进行跨层实验的设计。

3）MAC 层

Hydra 的 MAC 层实现用的是 Click 框架[17]，该软件框架是由麻省理工学院开发的，运行在通用 PC 上，起初是为了实现灵活的、高效的路由器功能。与 GNU Radio 相似，Click 的包处理元素是由 C++代码实现的，各元素是通过 Click 自己的黏合语言组织起来的。用户可以灵活地配置各元素以完成各种包处理任务，包括包分类、调度等。然后再把各元素连接成信号流向图，从而实现一个具体的协议。

Click 不仅要负责信号流向图中各元素的内存管理和调度，同样也要给用户留出选择和修改各种调度算法的接口。与 GNU Radio 一样，Click 也是一个很有吸引力的开源软件平台，人们已经把 Click 用到了各个研究领域，包括加利福尼亚大学洛杉矶分校（UCLA）开发的模块化的路由设计（Click modular router）、自组织网络路由（Ad hoc routing）以及网络编码等方向。

Hydra 自带了两种基于 Click 开发的随机接入 MAC 协议，分别是 IEEE 802.11 的 CSMA/CA 模式和 DCF（Distributed Coordination Function）模式。应用 Click 进行跨层设计也是很方便的，Hydra 开发者基于 RBAR（Receiver Based Auto-Rate）协议，对 DCF 模式进行了功能扩展，开发了一种跨层的率自适应（rate adaptive）MAC 协议[18]。这个跨层协议可以用来研究多跳网络的率自适应技术。

4）其他协议层

Hydra 中网络层协议和 MAC 协议一样，都是用 Click 来实现的，它们共同运行在自己的地址空间。而 GNU Radio 和 TCP/IP 协议栈分别运行在 Linux 用户和内核地址空间，它们之间是彼此分开的，这种彼此平行在多进程环境下能够提供更好的性能。Click 提供一种简单的隧道机制使协议能与标准的 Linux TCP/IP 协议栈通信。这个隧道机制利用一个虚拟的 Linux 网络设备（dev/net/tun），允许 Click 从用户空间向 Linux 内核的 IP 处理代码发送 IP 数据包，以及内核传递 IP 数据包到用户空间的 Click。因此，Hydra 能够使用建立在 TCP/IP 上的 Linux 应用，如 Ping、FTP 以及 Web 等，从而研究人员能够使用 Hydra 来进行应用级的端到端的无线新协议测试实验。

4. Hydra 的特点

首先，Hydra 的硬件需求不高，成本相对较低，易于推广使用，只需一个通用 PC 和一个 USRP 套件即可。其次，Hydra 是一个开放型的项目，Hydra 实现基本上都是软件定义的，而这些软件是完全开源的，主要包括以下开源组件。

（1）USRP 的所有 FPGA 代码和设计都是开源的。

（2）开发环境和上层应用都是基于 GNU/Linux 操作系统，Hydra 使用的通用 PC 的操作系统是 Ubuntu，上层的应用也是基于 Linux 的一些网络应用。

（3）物理层采用 GNU Radio，GNU Radio 是一个在学界和产业界都广泛应用的实现软件无线电的开源软件包。

（4）上层实现通过开源的 Click 框架。

（5）大量采用 IT++通信库，IT++通信基础库是广泛应用于通信领域的 C++库，有点类似于 MATLAB 的信号处理开发包，汲取了 C 语言和 MATLAB 的长处，综合了 MATLAB 的功能和 C 语言的速度。

最后，Hydra 的软件无线电实现决定了它所具有的最大特点：灵活性。研究人员可以以软件的方式来实现各种通信新算法，并且能够实现跨层交互设计，这使得 Hydra 平台具有很大的吸引力。

9.2.3　认知无线电压缩频谱感知项目

1. 认知无线技术介绍

紧缺的无线频谱资源制约着无线移动通信与服务应用的不断发展，如何在有限的无线频谱资源条件下提高频谱的利用率，从而减轻目前逐渐激化的无线电业务需求和稀少的频谱资源二者之间的矛盾。该矛盾的解决是现如今无线电领域研究的核心技术。鉴于此，20 世纪末，Mitola 在软件无线电概念的基础上，经过引申提出了认知无线电（Cognitive Radio，CR）的概念[19]。2000 年 Mitola 在另外一篇论文中将认知无线电定义成这样一个智能的无线通信系统：它可以感知外界环境，从环境中获取信息并进行推理和学习，同时通过实时调整其通信机理，如调制方式或发射参数等，以使其自身适应无线环境的变化。当认知无线电以无线频谱资源为主要关注点时，其主要目标则是提供高度可靠的通信方式和高效的频谱利用效率。

　　根据认知无线电的定义分析，实现认知无线电关键需要有三个方面的技术，分别是无线环境感知技术、信道状态估计与预测建模技术，以及发射功率控制和频谱资源管理技术。认知无线电的核心功能由上述三种关键技术实现，因此根据上述观点，可以得出下面的认知无线电基本感知周期，如图 9-9 所示。

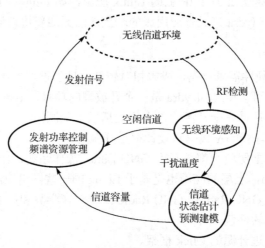

图 9-9　认知无线电的感知周期

　　在图 9-9 中，认知无线电感知周期中的频谱感知就是寻找频谱空洞的过程，是认知无线电技术实现的基础。在不影响主用户工作的前提下，设备对特定频段进行分析，如果主用户正占用该频段，则次用户需要跳到其他频段或者改变传输功率和调制方式避免对主用户产生干扰；如果主用户此时没有使用该频段，则次用户可以以机会接入的方式接入和使用该频段，进行数据传输。因此，频谱感知的性能决定了整个认知无线电系统的性能。但是次用户接入授权频段的优先级要比主用户低，因此主用户一旦要使用该频段，次用户为了不影响主用户对该频段的使用，必须能够检测到主用户的这一需求并且能够及时让出该频段供主用户使用。这对次用户使用授权频段提出了更高的要求，并根据对时刻变化的环境的分析结果进行相应的调整。频谱感知对认知无线电系统的要求，使次用户能够最大限度地使用授权频带的前提是保障主用户不受干扰。因此频谱感知技术是认知无线电技术的重要组成部分。

　　当前，推动 CR 技术发展的组织和个人主要有美国通信联邦委员会（Federal Communications Commission，FCC）、Simon Haykin、IEEE 1900.1 计划组、IEEE 802.22 工作组、ITU-R、ETSI、3GPP 以及中国的 973 项目等。

2. 压缩频谱感知技术

由 Nyquist 采样定理可知，只有采样速率大于或等于信号带宽的两倍，才能精确地重建或恢复原始信号。然而，认知宽带通信和信号处理中，信号的带宽越来越大，从而对信号的采样速率、传输速度和存储空间的要求越来越高。为了应对和缓解这些变化带来的挑战，传统的做法是先使用 Nyquist 速率采样，再进行采样数据的压缩。这种方法存在一些问题：对于宽带和超宽带通信，Nyquist 速率采样成本太高，而且大量被压缩掉的数据对信号本身而言是不重要或冗余的。

对于稀疏的或可压缩的信号而言，既然传统方法采样得到的多数数据被舍弃，那么换一种思维角度，何不避免获取全部数据，而直接采样需要保留的数据呢？压缩+低速采样形成了与 Nyquist 采样理论截然不同的一种采样理论（即压缩感知理论）。它突破了 Nyquist 采样定理的极限，能以随机采样的方式用更少的数据采样点（平均采样间隔低于采样定理的极限），来完美地恢复原始信号。

2006 年，Donoho 等在压缩抽样的基础上，提出了压缩感知（Compressed Sensing，CS）理论[20,21]，该理论指出：对一些具有稀疏性质的信号，可用远小于 Nyquist 采样率的速率对信号进行采样压缩，然后对所获得的观测数据进行精确或近似精确地重构获得原信号。这个理论的提出突破了传统 Nyquist 采样定理对信号的采样速率的限制，使得宽带无线信号的频谱感知技术得到更进一步的发展。压缩感知信号的突出优点就是针对可稀疏表示的信号，能够在数据采集的同时对信号进行压缩，大大减少了数据的采样时间和采样数据的大小。

对于感知宽带频谱时所面临的挑战，一种行之有效的解决方法是基于压缩感知理论的宽带频谱感知技术。在认知无线电宽带频谱感知场景下，尽管频带展宽，但是考虑到宽带授权频带频谱利用率的低下，其中存在大量空闲的频谱资源（这也是认知无线电技术得到应用和推广的前提条件），因此，认知无线电系统中的宽带信号在频域上具有很明显的稀疏特性。可以将信号处理领域中的压缩感知技术与认知无线电频谱感知技术相结合，提出宽带压缩频谱感知技术，利用宽带频谱信号的稀疏特性，通过结合压缩感知理论的压缩测量、信号重构和频谱感知技术的检测判决，来解决宽带频谱感知所面临的挑战。

宽带压缩频谱感知技术的核心思想是：认知用户以低于 Nyquist 准则要求的采样速率直接对整个频谱范围内接收到的宽带信号进行压缩测量，考虑到宽带频谱信号所具有的稀疏特性，可以选择合适的重构算法，利用低速采样获得的少量测量结果来准确重构原宽带信号，最后根据重构宽带信号的能量或功率谱密度来判断宽带范围内的各个子频带被主用户使用状态，并找到空闲频谱资源。宽带压缩频谱感知技术流程如图 9-10 所示。

自从 Tian 等[22]将 CS 应用于宽带频谱感知的研究工作，并验证了其有效性以来，大量的学者展开了这方面的研究。由于篇幅有限，关于压缩感知和宽带压缩频谱感知的一些最新理论和进展请感兴趣的读者自行下载相关文献去了解。

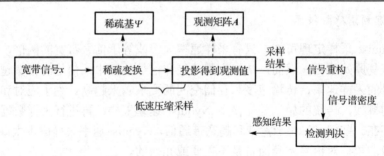

图 9-10　压缩频谱感知流程示意图

3. 基于 GNU Radio 的压缩频谱感知

1）频谱感知的二元假设模型

认知用户在频谱感知过程中检测来自主用户发射端的信号，以此确定主用户对授权频谱的使用情况，并判断是否存在可以利用的空闲频谱资源。认知无线电频谱感知可以根据频谱使用情况建模为一个二元假设判决过程[23]。

假设 H_0 和 H_1 分别表示主用户不存在和存在两种情况，认知无线电的频谱感知表示为

$$r(t) = \begin{cases} \omega(t), & H_0 \\ s(t) + \omega(t), & H_1 \end{cases} \tag{9-1}$$

其中，$r(t)$ 表示认知用户接收到的信号，设它的中心频率为 f_c，功率为 E_s；$s(t)$ 表示主用户发射信号；$\omega(t)$ 表示高斯白噪声，其均值为 0，单边功率谱密度为 σ_ω^2。不同的检测方法通过对 $r(t)$ 进行不同的处理，生成各自的判决统计量 Y，并依照相应的判决方法和检测门限 λ 判断频谱的使用情况。判决如式（9-2）所示

$$\begin{cases} Y < \lambda, & H_0 \\ Y \geqslant \lambda, & H_1 \end{cases} \tag{9-2}$$

根据二元假设过程，一般常用检测概率 P_d 和虚警概率 P_f 来衡量频谱感知的性能。检测概率 P_d 是主用户存在并被成功检测的概率；虚警概率 P_f 是主用户不存在但被误判为存在的概率[24]。P_d 和 P_f 可以表示为

$$\begin{cases} P_d = P(Y > \lambda \mid H_1) \\ P_f = P(Y > \lambda \mid H_0) \end{cases} \tag{9-3}$$

2）压缩感知

（1）信号的稀疏表示。压缩感知的一个重要前提和理论基础就是信号的稀疏性或可压缩性，只有选择合适的稀疏基才能保证信号的稀疏化，从而保证信号的重构精度。经典的稀疏基包括离散余弦变换（DCT）基、快速傅里叶变换（FFT）基和离散小波

变换（DWT）基等。宽带频谱的稀疏性体现在宽带信号的频域，因此，可以选取傅里叶正交基作为稀疏基，稀疏表示矩阵为 $N×N$ 的离散傅里叶变换矩阵，即 $\Psi = F^{-1}$。

（2）观测矩阵的选取。压缩感知理论中，通过稀疏变换得到信号的稀疏系数向量 $s = \Psi x$ 后，需设计压缩采样系统的观测部分，主要是考虑观测矩阵 Φ 的设计。对于 $y = \Phi x = \Phi\Psi^{T}s = \Theta s$，对于观测向量 y 求出 x 是一个线性规划问题。由压缩感知理论，观测矩阵 Φ 需满足约束等距（Restricted Isometry Property，RIP）性质。为简单起见，且由于高斯随机矩阵有大概率与大部分的稀疏基不相关，所以，选择随机高斯矩阵作为实际观测矩阵。

（3）信号的重构。信号的重构问题可以通过求解最小 l_0 加以解决，如式（9-4）所示

$$\min\|x\|_0 \quad \text{s.t.} \quad y = \Phi\Psi x \tag{9-4}$$

其中，x 为待重构的稀疏信号；y 为对 x 经过压缩观测后的信号；$\|x\|_0$ 表示 x 的 l_0 范数，表示 x 中的非零元素个数。然而求解 l_0 范数是一个 NP-Hard 问题。研究者证明当满足稀疏基与观测矩阵不相关时，将最小 l_0 范数求解转换为最小 l_1 范数求解是等价的。而后者是一个凸优化问题，可转换成一个线性规划问题求解，形式为

$$\min_x\|x\|_1 \quad \text{s.t.} \quad y = \Phi\Psi x \tag{9-5}$$

本书中，采用正交匹配追踪（Orthogonal Matching Pursuit，OMP）重构算法进行信号的稀疏重构。算法的具体流程请读者参阅文献[25]。

3）基于 GNU Radio 的频谱感知场景描述

（1）单点频谱感知设计场景。

认知终端即频谱感知传感器使用一台 USRP 和与之相连的计算机实现，授权用户则用一台信号发生器模拟。图 9-11 所示为单点频谱感知的设计场景。

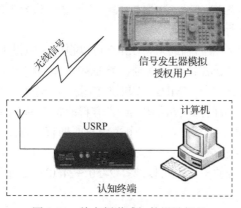

图 9-11　单点频谱感知的设计场景

认知终端的设计旨在为认知用户间的通信提供特定频段上空闲的频谱信息。在不

对授权用户产生有害干扰的前提下，为认知用户间的通信提供一条有效的途径。故认知终端需对周围频谱进行实时检测，产生频谱信息的实时感知结果。

（2）多主用户的频谱感知场景设计。

为了模拟观测频段上有多个主用户在随机使用信道的场景，可以利用 USRP 搭建一个测试环境，如图 9-12 所示。

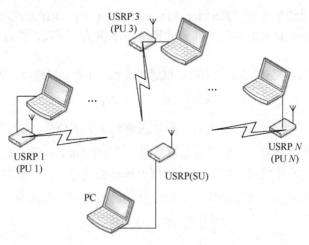

图 9-12　多主用户下的频谱感知场景

如图 9-12 所示场景中，有多个主用户在随机使用需要观测的频段的一部分，这些被分段的频段可以看成被分配给主用户的信道，并且这些信道互补重叠。在这个场景中，每个主用户都会根据自己的需要通过各种调制方式发送随机信号，这些主用户的行为都由与 USRP 相连的计算机来控制。假设，在我们的实验场景中，有 10 个可利用的信道，其中的少数几个被主用户占用，这样可以看成，此段频谱具有稀疏的特性。同时，还有个 USRP 作为次用户，想要接入和使用这个频段上的占用的信道，因此需要不停地对此段频谱进行感知扫描。

在 GNU Radio 软件平台的辅助下，USRP 可以很好地模拟主用户的功能，在 PC 主机的控制下，可以随时发送各种调制信号。当 USRP N 系列的量化精度为 16bit 时，其射频带宽（RF bandwidth）为 25MHz，即射频前端一次最多可以扫描获得 12.5MHz 带宽内的数据。为了能够模拟前面测试的场景，具有稀疏特性的观测频段，可以将 12.5MHz 的频段资源分配给这 10 个主用户，每一个主用户能拥有 1MHz 宽的信道，并且不和其他的主用户的信道相重叠，剩下还有 2.5MHz 的带宽用来作为防止频谱泄漏的隔离带。为了尽量不受到外界信号的干扰，可以选择 2450～2460MHz 作为测试观测频段。

4）信号处理模块的编写

由前面的章节可知：GNU Radio 是一个软件无线电的开源工具包。这个工具包提供了一些预先写好的 Python 或 C++程序，这些程序可以使用各种不同类型的数据互相通信。GNU Radio 还提供了一种简单而又丰富的称为 GRC 的流图设计环境，用户可以用 GRC 建立信号处理流图，然后自动地生成 Python 源代码。本书中，软件部分包含了 GNU Radio 能实现的能量感知和压缩感知算法。这些算法是 GRC 中没有的，需要自己编写信号处理模块，然后在 GRC 中完善这些模块。

正如之前的章节中所介绍的，通过 gr-modtool 这个脚本辅助工具可以完成一个简单模块从编写到导入 GRC 的全过程[26]。首先到 https://github.com/mbant/gr-modtool 下载 gr-modtool 这个脚本辅助工具，解压之后得到一个 gr-modtool-master 的文件夹，将此文件夹路径添加到系统的环境变量 PATH 中。进入想要建立模块的目录，例如，以在/home/xx/code（xx 是用户名）路径下建立 howto_square_ff 模块为例，进入目的路径，然后在终端里输入命令。

```
gr_modtool.py create howto
```

这样就生成了一个名为 gr-howto 的文件夹和一个模块的目录结构。

接下来就是编写 C++源代码，需要写一个.h 的头文件，一个.cc 的源代码，并分别修改 include/CMakeLists.txt 和 lib/CMakeLists.txt。这些要生成的文件和修改的内容都可以通过 gr-modtool 来自动完成，先进入刚才生成的 gr-howto 文件夹，在终端输入如下代码。

```
gr_modtool.py add -t general square_ff
```

按照要求输入命令，中间需要输入一个回车，以及两次 n，运行成功后就可以按照提供的例程打开相应的.h 和.cc 文件进行修改，这些例程的网址如下所示。

```
source:gr-howto-write-a-block/include/howto_square_ff.h
source:gr-howto-write-a-block/lib/howto_square_ff.cc
```

本例程模块的目的是对输入的数据进行平方运算，因此还需要写一个验证程序并修改相应的 CMakeLists.txt 文件，在 Python 目录下添加一个新的名为 qa_howto.py 的文件，并对 CMakeLists.txt 进行如下修改。

```
include(GrTest)
set(GR_TEST_TARGET_DEPS gnuradio-howto)
set(GR_TEST_PYTHON_DIRS ${CMAKE_BINARY_DIR}/swig)
GR_ADD_TEST(qa_howto ${PYTHON_EXECUTABLE}
${CMAKE_CURRENT_SOURCE_DIR}/qa_howto.py)
```

最后的工作就是生成模块并安装到 gnuradio-companion 中，进入 gr-howto 目录，在终端输入./cmake，然后输入 make，即可生成模块，再输入 make test，如果全部通过测试，则证明模块生成成功。

如果想在 gnuradio-companion 中使用自己的模块，还必须在 grc 目录下生成 XML 文件，在终端输入如下代码。

```
gr-modtool.py makexml square_ff
```

打开 XML 文件并参照例程进行修改。

```
source:gr-howto-write-a-block/grc/howto_square_ff.xml
```

最后回到 gr-howto 目录，输入 sudo make install 即可安装，再输入 gnuradio-companion 即可看到生成的模块，至此全部过程结束。

按照上面所说的 gr-modtool 这个脚本辅助工具，可以完成一个简单模块从编写到导入 GRC 的方法，可以将压缩频谱感知的算法写成模块导入 GRC 中，然后就可以在 GRC 中建立信号流图。

5）测试过程

作为主用户的 USRP 发送的随机信号，可以用 uhd_tx_dpsk.py 这个程序来产生和发送信号，具体可以修改程序的参数来得到自己想要的信号。而次用户对此频段进行感知的信号采集，也可以用 usrp_spectrum_sense.py 来实现，这个程序就是对某段频段进行采样、FFT、求和取平均，然后将数据存入文件中以备使用。运行程序时，将扫描的频段设置为 2450～2460MHz，并且修改文件中扫描的频率间隔（即扫描步长）使其能够每次扫描 1MHz 的频率间隔，当扫描完一个 1MHz 频率间隔时，就将中心频率移到下一个 1MHz 处，继续扫描，直到将整段频谱扫描完成，然后将中心频率设置回到起点，继续循环扫描这个频段。

当扫描完一次整段频谱后，就可以用压缩感知算法对其进行观测采样，然后对于观测信号就可以采用重构算法进行信号重构。感知模块各个步骤的算法可以用 C/C++ 写好封装到 GNU Radio 的库函数中，然后生成 GRC 信号处理模块，以提高系统的执行效率。对于各个功能模块之间的组合，可以用 Python 写好脚本语言或者在 GRC 中搭建信号处理流图，以此来完成整个压缩感知算法在 USRP 和 GNU Radio 平台上的实现。图 9-13 是整个算法实现流程图。

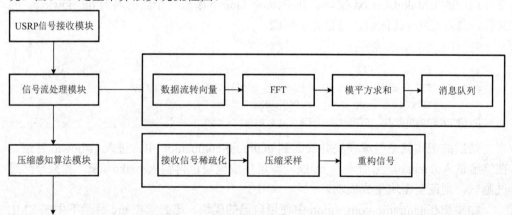

图 9-13　整个算法实现流程图

9.2.4　其他应用

目前，关于 GNU Radio 和 USRP 的科研应用已经很多且涉及多个领域，除了前面提到的以外，还有 FM 接收机、GPS 接收机、无源雷达、DVB-T、GQRS 以及 GSM-R 信号集成探测系统等。当然，随着 USRP 产品系列的迅速发展，GNU Radio 除了用于实验室的快速原型设计，它已被部署到现实世界的许多商业和国防系统中。

（1）商业应用。软件无线电作为通信系统开发和原型设计的理想平台，当一个应用没有足够的空间调整个性化的硬件设计时，灵活的 USRP 实现了成本敏感的可部署的系统。

（2）国防和国土安全。USRP 系列产品应用到很多军事领域，一些大的情报和防御部门，通过很低的预算就能够研制并安装较为先进的无线系统，形成强大有效的战斗力，美国和欧洲很多国家的军事部门都对此有着广泛的应用。如数据链网络、战术通信等。与此同时在一些公共领域，如公共安全通信等也有很多应用。

（3）教育教学。美国和世界各地的许多大学都为学生配置了带 USRP 系统的实验室，USRP 产品系列的低成本、极大的灵活性和开源性质，以及 GNU Radio 开源社区的支持使 USRP 成为讲授下列课程的理想选择：软件无线电、信号与系统、数字信号处理、通信系统、FPGA 设计。

（4）其他应用。这些年来，有很多基于 USRP 系统的创新产品，如医疗成像、声纳探测和可制定测试设备，还有天文系统、车载无线电系统、无线传感器系统、测速仪等。

总之，GNU Radio 的低成本和开放性使得其具有广泛的吸引力。在开放的氛围下，人们可以了解运作的细节，并且对其进行二次开发，大家可以对所了解的知识、创作的成果进行交流，有益于创新。尽管 GNU Radio 在性能、易用性上还存在一些限制，但我们有足够的理由相信，在不久的将来，随着计算机和通信技术的进步，GNU Radio 在科研、商业应用、教育教学以及医疗等无线通信领域将扮演着越来越重要的角色。

参 考 文 献

[1] 张威. GSM 网络优化原理与工程[M]. 北京: 人民邮电出版社, 2010.

[2] 华为技术有限公司. GSM 无线网络规划与优化[M]. 北京: 人民邮电出版社, 2004.

[3] 王继鹏. 基于 Asterisk 构建中小型公司 IP-PBX 通信系统的研究[D]. 西安: 西北工业大学, 2007.

[4] Sulkin A. PBX Systems for IP telephony[M]. New York: McGraw-Hill, 2002.

[5] Camarillo G. SIP Demystified [M]. New York: McGraw-Hill, 2002.

[6] Blossom E. Exploring GNU Radio[EB/OL]. Nov. 2004.

[7] Burgess D A, Samra H S. The OpenBTS Project[EB/OL]. 2008.

[8] 甘霖, 魏峥, 赵臻. 基于 OpenBTS 平台均衡算法的改进和优化[J]. 移动通信, 2011, 14: 33-37.

[9] 朱赛赛. OpenBTS 信号处理和无线资源管理的研究[D]. 济南: 山东大学, 2012.

[10] Apvrille A. Fortinet. OpenBTS for dummies [EB/OL]. 2011.

[11] Proulx E. SIP Introduction[EB/OL]. 2006.

[12] 黄琳. OpenBTS 代码解读—物理层以下的代码以及定时机制[EB/OL]. 2012-07.

[13] Raisinghani V, Iyer S. Cross-layer design optimizations in wireless protocol stacks[J]. Computer Communications, 2004, 27: 720-725.

[14] Choi S H. A software architecture for cross-layer wireless networks[M]. Austin: ProQuest, 2008: 53-57.

[15] Judd G, Steenkiste P. Using emulation to understand and improve wireless networks and applications[R]. Proceedings of NSDI, Boston, A, 2005.

[16] Mandke K, Choi S, Kim G, et al. Early results on hydra: A flexible MAC/PHY multihop testhed[J]. Proceedings of VTC Spring, 2007: 1896-1900.

[17] Kohler E, Morris R, Chen B, et al. The click modular router [J]. ACM Transactions on Computer Systems (TOCS), 2000, 18(3): 263-297.

[18] Holland G, Vaidya N, Bahl P. A rate-adaptive MAC protocol for multi-hop wireless networks[C]. Proceedings of the 7th Annual International Conference on Mobile Computing and Networking, ACM, 2001: 236-251.

[19] Mitola J I, Maguire G Q. Cognitive radio: Making software radios more personal[J]. Personal Communications IEEE, 1999, 6(4): 13-18.

[20] Candes E. Compressive sampling. Proceedings of the International Congress of Mathematicians. Madrid, Spain, 2006, 3: 1433-1452.

[21] Donoho D L. Compressed sensing[J]. IEEE Transactions on Information Theory, 2006, 52(4): 1289-1306.

[22] Tian Z, Giannakis G B. Compressed sensing for wideband cognitive radios[J]. IEEE International Conference on Acoustics, Speech, and Signal Processing, 2007: 1357-1360.

[23] Atapattu S, Tellambura C, Jiang H. Energy detection based cooperative spectrum sensing in cognitive radio networks[J]. IEEE Transactions on Wireless Communications, 2011, 10(4): 1232-1241.

[24] Seshukumar K, Saravanan R, Suraj M S. Spectrum sensing review in cognitive radio[C]. 2013 International Conference on Emerging Trends in VLSI, Embedded System, Nano Electronics and Telecommunication System (ICEVENT), 2013: 1-4.

[25] Tropp J A, Gilbert A C. Signal recovery from random measurements via orthogonal matching pursuit[J]. IEEE Transactions on Information Theory, 2007, 53(12): 4655-4666.

[26] melissa94cn. gr-modtool 在 gnuradio 中编写 C++模块[EB/OL]. http://www.educity.cn/wenda/248835. html.

附录 A main_usrp_tx.py

```python
#!/usr/bin/env python
###################################################
#  Copyright (C), 开始年份-结束年份, 单位名称
#  File name: main_usrp_tx.py
#  Author:  Version:    Date:
#  Description: QPSK 调制实验 USRP 信号发射端 Pyhon 程序
#  Others: 无
###################################################
from gnuradio import blks2
from gnuradio import gr
from gnuradio.eng_option import eng_option
from gnuradio.gr import firdes
from gnuradio.wxgui import forms
from gnuradio.wxgui import scopesink2
from grc_gnuradio import blks2 as grc_blks2
from grc_gnuradio import usrp as grc_usrp
from grc_gnuradio import wxgui as grc_wxgui
from optparse import OptionParser
import wx


class qpsk_loopback(grc_wxgui.top_block_gui):
    def __init__(self):
        grc_wxgui.top_block_gui.__init__(self, title="QPSK Loopback")
        ###################################################
        # Variables
        ###################################################
        self.samp_rate = samp_rate = 320000
        self.samp_per_symb = samp_per_symb = 3
        self.selector_index = selector_index = 0
        self.noise_ampl = noise_ampl = 1000
        self.carrier = carrier = 40e6
        self.bandwidth = bandwidth = samp_rate/samp_per_symb*1.35


        ###################################################
        # Blocks
```

```
################################################
self.constellation_decoder_rot0 = gr.constellation_decoder_
cb(((1, complex(0,1), -1, complex(0,-1))), ((0,1,3,2)))
self.constellation_decoder_rot180 = gr.constellation_decoder_
cb(((1, complex(0,1), -1, complex(0,-1))), ((3,2,0,1)))
self.constellation_decoder_rot270 = gr.constellation_decoder_
cb(((1, complex(0,1), -1, complex(0,-1))), ((1,3,2,0)))
self.constellation_decoder_rot90 = gr.constellation_decoder_
cb(((1, complex(0,1), -1, complex(0,-1))), ((2,0,1,3)))
self.file_sink = gr.file_sink(gr.sizeof_char*1, "/home/seal/
Desktop/output.txt")
self.file_source = gr.file_source(gr.sizeof_float*1, "/home/
seal/Desktop/input.txt", True)
self.gain_control = gr.agc_cc(1e-3, 1.0, 100.0, 0.0)
self.mpsk_receiver = gr.mpsk_receiver_cc(4, 0.785398163398,
0.15, 0.005625, -0.025, 0.025, 0.5, 0.075, samp_per_symb,
0.00140625, 0.005)
self.multiply_const_after = gr.multiply_const_vcc(((1.0)/
(16384.0), ))
self.multiply_const_before = gr.multiply_const_vcc((5000, ))
self.packet_decoder_rot0 = grc_blks2.packet_demod_b(grc_blks2.
packet_decoder(
          access_code="01110011011001010110000101101100",
          threshold=-1,
          callback=lambda ok, payload: self.packet_decoder_
          rot0.recv_pkt_selector(ok, payload, 0,
          self.packet_selector), # pass in index and packet_
          selector object
              ),
          )
self.packet_decoder_rot180 = grc_blks2.packet_demod_b(grc_
blks2.packet_decoder(
          access_code="01110011011001010110000101101100",
          threshold=-1,
          callback=lambda ok,
          payload:self.packet_decoder_rot180.recv_pkt_
          selector(ok,payload,2, self.packet_selector), #
          pass in index and packet_selector object
              ),
          )
self.packet_decoder_rot270 = grc_blks2.packet_demod_b(grc_
blks2.packet_decoder(
```

```
                access_code="01110011011001010110000101101100",
                threshold=-1,
                callback=lambda ok,
                payload:self.packet_decoder_rot270.recv_pkt_
                selector(ok,payload,3, self.packet_selector), #
                pass in index and packet_selector object
                    ),
                )
self.packet_decoder_rot90 = grc_blks2.packet_demod_b(grc_
blks2.packet_decoder(
                access_code="01110011011001010110000101101100",
                threshold=-1,
                callback=lambda ok,
                payload:self.packet_decoder_rot90.recv_pkt_
                selector(ok,payload,1, self.packet_selector), #
                pass in index and packet_selector object
                    ),
                )
self.packet_encoder = grc_blks2.packet_mod_f(grc_blks2.
packet_encoder(
                samples_per_symbol=samp_per_symb,
                bits_per_symbol=2,
                access_code="01110011011001010110000101101100",
                pad_for_usrp=True,
                ),
        payload_length=4080,
        )
self.packet_selector = grc_blks2.selector(
        item_size=gr.sizeof_char*1,
        num_inputs=4,
        num_outputs=1,
        input_index=0,
        output_index=0,
        )
self.qpsk_mod = blks2.qpsk_mod( # use new qpsk.py instead of
dqpsk.py
        samples_per_symbol=samp_per_symb,
        excess_bw=0.35,
        gray_code=True,
        verbose=False,
        log=False,
        )
```

```
    self.root_raised_cosine_filter = gr.interp_fir_filter_ccf(1,
        firdes.root_raised_cosine(1, samp_per_symb, 1.0, 0.35,
        11*samp_per_symb))
    self.rx_constellation = scopesink2.scope_sink_c(
        self.GetWin(),
        title="RX Constellation",
        sample_rate=samp_rate,
        v_scale=0,
        t_scale=0,
        ac_couple=False,
        xy_mode=True,
        num_inputs=1,
        )
    self.Add(self.rx_constellation.win)
    self.throttle = gr.throttle(gr.sizeof_float*1, samp_rate)
    self.unpack_k_bits_rot0 = gr.unpack_k_bits_bb(2)
    self.unpack_k_bits_rot180 = gr.unpack_k_bits_bb(2)
    self.unpack_k_bits_rot270 = gr.unpack_k_bits_bb(2)
    self.unpack_k_bits_rot90 = gr.unpack_k_bits_bb(2)
    self.usrp_sink = grc_usrp.simple_sink_c(which=0, side="A")
    self.usrp_sink.set_interp_rate(128000000/samp_rate)
    self.usrp_sink.set_frequency(carrier, verbose=True)
    self.usrp_sink.set_gain(0)
    self.usrp_source = grc_usrp.simple_source_c(which=0, side="A",
rx_ant="RXA")
    self.usrp_source.set_decim_rate(64000000/samp_rate)
    self.usrp_source.set_frequency(carrier, verbose=True)
    self.usrp_source.set_gain(20)
    ##################################################
    # Connections
    ##################################################
    self.connect((self.packet_encoder, 0), (self.qpsk_mod, 0))
    self.connect((self.qpsk_mod, 0), (self.multiply_const_
        before, 0))
    self.connect((self.throttle, 0), (self.packet_encoder, 0))
    self.connect((self.file_source, 0), (self.throttle, 0))
    self.connect((self.multiply_const_before, 0), (self.usrp_
        sink, 0))
def set_samp_rate(self, samp_rate):
    self.samp_rate = samp_rate
    self.set_bandwidth(self.samp_rate/self.samp_per_symb*1.35)
    self.rx_constellation.set_sample_rate(self.samp_rate)
```

```python
    def set_samp_per_symb(self, samp_per_symb):
        self.samp_per_symb = samp_per_symb
        self.set_bandwidth(self.samp_rate/self.samp_per_symb*1.35)
        self.root_raised_cosine_filter.set_taps(firdes.root_
            raised_cosine(1, self.samp_per_symb, 1.0, 0.35, 11*self.
            samp_per_symb))
        self.mpsk_receiver.set_omega(self.samp_per_symb)
    def set_selector_index(self, selector_index):
        self.selector_index = selector_index
    def set_noise_ampl(self, noise_ampl):
        self.noise_ampl = noise_ampl
        self._noise_ampl_slider.set_value(self.noise_ampl)
        self._noise_ampl_text_box.set_value(self.noise_ampl)
        self.noise_source.set_amplitude(self.noise_ampl)
    def set_carrier(self, carrier):
        self.carrier = carrier
    def set_bandwidth(self, bandwidth):
        self.bandwidth = bandwidth
if __name__ == '__main__':
    parser = OptionParser(option_class=eng_option, usage="%prog:
        [options]")
    (options, args) = parser.parse_args()
    tb = qpsk_loopback()
    tb.Run(True)
```

附录 B　demo_usrp_rx.py

```python
#!/usr/bin/env python
#####################################################
#  Copyright (C), 开始年份-结束年份, 单位名称
#  File name: demo_usrp_rx.py
#  Author:  Version:    Date:
#  Description: QPSK 调制实验 USRP 信号接收端 Python 程序
#  Others: 无
#####################################################
from gnuradio import blks2
from gnuradio import gr
from gnuradio.eng_option import eng_option
from gnuradio.gr import firdes
from gnuradio.wxgui import forms
from gnuradio.wxgui import scopesink2
from gnuradio.wxgui import fftsink2
from grc_gnuradio import blks2 as grc_blks2
from grc_gnuradio import usrp as grc_usrp
from grc_gnuradio import wxgui as grc_wxgui
from optparse import OptionParser
import wx


class qpsk_loopback(grc_wxgui.top_block_gui):
    def __init__(self):
        grc_wxgui.top_block_gui.__init__(self, title="QPSK Loopback")
        #################################################
        # Variables
        #################################################
        self.samp_rate = samp_rate = 320000
        self.samp_per_symb = samp_per_symb = 3
        self.selector_index = selector_index = 0
        self.noise_ampl = noise_ampl = 1000
        self.carrier = carrier = 40e6
        self.bandwidth = bandwidth = samp_rate/samp_per_symb*1.35
        #################################################
        # Blocks
```

```
###################################################
self.constellation_decoder_rot0 = gr.constellation_decoder_
cb(((1, complex(0,1), -1, complex(0,-1))), ((0,1,3,2)))
self.constellation_decoder_rot180 = gr.constellation_decoder_
cb(((1, complex(0,1), -1, complex(0,-1))), ((3,2,0,1)))
self.constellation_decoder_rot270 = gr.constellation_decoder_
cb(((1, complex(0,1), -1, complex(0,-1))), ((1,3,2,0)))
self.constellation_decoder_rot90 = gr.constellation_decoder_
cb(((1, complex(0,1), -1, complex(0,-1))), ((2,0,1,3)))
self.gr_null_sink_1 = gr.null_sink(gr.sizeof_char*1)
self.gr_null_sink_2 = gr.null_sink(gr.sizeof_char*1)
self.gr_null_sink_3 = gr.null_sink(gr.sizeof_char*1)
self.gr_null_sink_4 = gr.null_sink(gr.sizeof_char*1)
self.file_sink = gr.file_sink(gr.sizeof_char*1, "/home/brad/
Desktop/out.txt")
self.file_source = gr.file_source(gr.sizeof_float*1, "/home/
brad/Desktop/input.txt", True)
self.gain_control = gr.agc_cc(1e-3, 1.0, 100.0, 0.0)
self.mpsk_receiver = gr.mpsk_receiver_cc(4, 0.785398163398,
0.15, 0.005625, -0.025, 0.025, 0.5, 0.075, samp_per_symb,
0.00140625, 0.005)
self.multiply_const_after = gr.multiply_const_vcc(((1.0)/
(16384.0), ))
self.multiply_const_before = gr.multiply_const_vcc((5000, ))
self.packet_decoder_rot0 = grc_blks2.packet_demod_b(grc_blks2.
packet_decoder(
    access_code="01110011011001010110000101101100",
    threshold=-1,
    callback=lambda ok,
    payload:self.packet_decoder_rot0.recv_pkt_selector(ok,
    payload,0,self.packet_selector), #pass in index and packet_
    selector object
    ),
)
self.packet_decoder_rot180 = grc_blks2.packet_demod_b(grc_
    blks2.packet_decoder(
    access_code="01110011011001010110000101101100",
    threshold=-1,
    callback=lambda ok,
    payload:self.packet_decoder_rot180.recv_pkt_selector(ok,
    payload,2, self.packet_selector), # pass in index and
    packet_selector object
```

```
        ),
    )
self.packet_decoder_rot270 = grc_blks2.packet_demod_b(grc_
    blks2.packet_decoder(
    access_code="01110011011001010110000101101100",
    threshold=-1,
    callback=lambda ok,
    payload:self.packet_decoder_rot270.recv_pkt_selector
    (ok,payload,3, self.packet_selector), # pass in index and
    packet_selector object
    ),
)
self.packet_decoder_rot90 = grc_blks2.packet_demod_b(grc_
blks2.packet_decoder(
    access_code="01110011011001010110000101101100",
    threshold=-1,
    callback=lambda ok, payload: self.packet_decoder_rot90.
    recv_pkt_selector(ok, payload, 1, self.packet_selector),
    # pass in index and packet_selector object
    ),
)
self.packet_encoder = grc_blks2.packet_mod_f(grc_blks2.
packet_encoder(
    samples_per_symbol=samp_per_symb,
    bits_per_symbol=2,
    access_code="01110011011001010110000101101100",
    pad_for_usrp=True,
    ),
payload_length=4080,
)
self.packet_selector = grc_blks2.selector(
    item_size=gr.sizeof_char*1,
    num_inputs=4,
    num_outputs=1,
    input_index=0,
    output_index=0,
)
print self.packet_selector.input_index
self.qpsk_mod = blks2.qpsk_mod( # use new qpsk.py instead of
dqpsk.py
    samples_per_symbol=samp_per_symb,
    excess_bw=0.35,
```

```
        gray_code=True,
        verbose=False,
        log=False,
    )
self.root_raised_cosine_filter = gr.interp_fir_filter_ccf(1,
        firdes.root_raised_cosine(1, samp_per_symb, 1.0, 0.35,
        11*samp_per_symb))
        self.rx_constellation = scopesink2.scope_sink_c(self.
        GetWin(),
        title="RX Constellation",
        sample_rate=samp_rate,
        v_scale=0,
        t_scale=0,
        ac_couple=False,
        xy_mode=True,
        num_inputs=1,
    )
self.Add(self.rx_constellation.win)
self.throttle = gr.throttle(gr.sizeof_float*1, samp_rate)
self.unpack_k_bits_rot0 = gr.unpack_k_bits_bb(2)
self.unpack_k_bits_rot180 = gr.unpack_k_bits_bb(2)
self.unpack_k_bits_rot270 = gr.unpack_k_bits_bb(2)
self.unpack_k_bits_rot90 = gr.unpack_k_bits_bb(2)
self.usrp_sink = grc_usrp.simple_sink_c(which=0, side="A")
self.usrp_sink.set_interp_rate(128000000/samp_rate)
self.usrp_sink.set_frequency(carrier, verbose=True)
self.usrp_sink.set_gain(0)
self.usrp_source = grc_usrp.simple_source_c(which=0, side="A",
rx_ant="RXA")
self.usrp_source.set_decim_rate(64000000/samp_rate)
self.usrp_source.set_frequency(carrier, verbose=True)
self.usrp_source.set_gain(20)
self.FFT_Sink=fftsink2.fft_sink_c(
        self.GetWin(),
        baseband_freq=0,
        y_per_div=10,
        y_divs=10,
        ref_level=100,
        sample_rate=samp_rate,
        fft_size=512*2,
        fft_rate=15,
        average=True,
```

```
        avg_alpha=None,
        title="FFT Plot",
        peak_hold=False,
    )
    self.GridAdd(self.FFT_Sink.win, 1, 2, 2, 4)
    ##################################################
    # Connections
    ##################################################
    self.connect((self.gain_control, 0), (self.root_raised_
    cosine_filter, 0))
    self.connect((self.multiply_const_after, 0), (self.gain_
    control, 0))
    self.connect((self.root_raised_cosine_filter, 0), (self.mpsk_
    receiver, 0))
    self.connect((self.unpack_k_bits_rot0, 0), (self.packet_
    decoder_rot0, 0))
    self.connect((self.constellation_decoder_rot0, 0), (self.
    unpack_k_bits_rot0, 0))
    self.connect((self.unpack_k_bits_rot90, 0), (self.packet_
    decoder_rot90, 0))
    self.connect((self.constellation_decoder_rot90, 0), (self.
    unpack_k_bits_rot90, 0))
    self.connect((self.unpack_k_bits_rot180, 0), (self.packet_
    decoder_rot180, 0))
    self.connect((self.constellation_decoder_rot180, 0), (self.
    unpack_k_bits_rot180, 0))
    self.connect((self.unpack_k_bits_rot270, 0), (self.packet_
    decoder_rot270, 0))
    self.connect((self.constellation_decoder_rot270, 0), (self.
    unpack_k_bits_rot270, 0))
    self.connect((self.mpsk_receiver, 0), (self.constellation_
    decoder_rot0, 0))
    self.connect((self.mpsk_receiver, 0), (self.constellation_
    decoder_rot180, 0))
    self.connect((self.mpsk_receiver, 0), (self.constellation_
    decoder_rot270, 0))
    self.connect((self.mpsk_receiver, 0), (self.constellation_
    decoder_rot90, 0))
    self.connect((self.mpsk_receiver, 0), (self.rx_constellation, 0))
    self.connect((self.packet_selector, 0), (self.file_sink, 0))
    self.connect((self.packet_decoder_rot0, 0), (self.packet_
    selector, 0))
```

```python
        self.connect((self.packet_decoder_rot90, 0), (self.packet_
        selector, 1))
        self.connect((self.packet_decoder_rot180, 0), (self.packet_
        selector, 2))
        self.connect((self.packet_decoder_rot270, 0), (self.packet_
        selector, 3))
        self.connect((self.usrp_source, 0), (self.multiply_const_
        after, 0))
        self.connect((self.usrp_source, 0), (self.FFT_Sink, 0))
        # TX
    def set_samp_rate(self, samp_rate):
            self.samp_rate = samp_rate
            self.set_bandwidth(self.samp_rate/self.samp_per_symb*1.35)
            self.rx_constellation.set_sample_rate(self.samp_rate)
            self.FFT_Sink.set_sample_rate(self.samp_rate)
    def set_samp_per_symb(self, samp_per_symb):
        self.samp_per_symb = samp_per_symb
        self.set_bandwidth(self.samp_rate/self.samp_per_symb*1.35)
        self.root_raised_cosine_filter.set_taps(firdes.root_raised_
        cosine(1, self.samp_per_symb, 1.0, 0.35, 11*self.samp_per_
symb))
        self.mpsk_receiver.set_omega(self.samp_per_symb)
    def set_selector_index(self, selector_index):
        self.selector_index = selector_index
    def set_noise_ampl(self, noise_ampl):
        self.noise_ampl = noise_ampl
        self._noise_ampl_slider.set_value(self.noise_ampl)
        self._noise_ampl_text_box.set_value(self.noise_ampl)
        self.noise_source.set_amplitude(self.noise_ampl)
    def set_carrier(self, carrier):
        self.carrier = carrier
    def set_bandwidth(self, bandwidth):
        self.bandwidth = bandwidth
if __name__ == '__main__':
    parser = OptionParser(option_class=eng_option, usage="%prog:
    [options]")
    (options, args) = parser.parse_args()
    tb = qpsk_loopback()
    tb.Run(True)
```